Förder- und Übungsheft Mathematik Klasse 10

PAETEC Gesellschaft für Bildung und Technik mbH

Wie solltest du mit diesem Heft arbeiten?

2 Zu jedem Thema findest du Aufgaben, die durch einen Kreis gekennzeichnet sind. Diese Aufgaben solltest du unbedingt lösen, auch wenn es oft auf den ersten Blick so scheint, als ob sie gar nichts mit dem Thema zu tun haben. Kannst du diese Aufgaben nicht lösen, bitte deinen Lehrer um Hilfe.

4 Mit einem Quadrat versehene Aufgaben sind „normale“ Aufgaben zum Thema. Diese Aufgaben solltest du möglichst alle lösen.

18 Schwierigere Aufgaben und Knobeleien sind mit diesem Zeichen markiert. Sie stehen meist am Ende eines Themas. Wenn du diese Aufgaben richtig gelöst hast, ist es sehr wahrscheinlich, dass du den Stoff verstanden hast.

Merkstoff oder verschiedene Tipps zum Lösen von Aufgaben sind eingerahmt.

Lösungen

An dieser Stelle findest du die Lösungen einer ganzen Seite.

Wir haben es dir aber nicht zu einfach mit dem Vergleich der Lösungen gemacht. Die Lösungen wurden auf den Kopf gestellt und manchmal auch verschlüsselt. Du kannst sie während der Arbeit mit einem Blatt Papier abdecken.

Wenn du sehr wenig Vertrauen zu dir selbst hast und meinst, dass du sie schon vor dem Lösen der Aufgaben ansehen wirst, dann schneide sie einfach aus und lege sie beiseite. Damit du weißt, zu welcher Seite welche Lösungen gehören, wurde auch der Lösungsteil mit der Seitennummer versehen.

1 Ergänze!

a) $4 \cdot \_\_\_\_ = 76$ b) $\_\_\_\_ \cdot 28 = 84$ c) $6 \cdot \_\_\_\_ = 90$

d) $32 \cdot \_\_\_\_ = 128$ e) $11 \cdot \_\_\_\_ = 132$ f) $\_\_\_\_ \cdot 8 = 96$

2 Rechne im Kopf!

a) $(-7)^2 =$ ____ b) $2^3 =$ ____ c) $\left(-\frac{1}{2}\right)^3 =$ ____

d) $0{,}5^2 =$ ____ e) $10^4 =$ ____ f) $(-2)^5 =$ ____

g) $\left(\frac{2}{3}\right)^4 =$ ____ h) $(-1)^9 =$ ____ i) $0{,}3^2 =$ ____

j) $400^2 =$ ____ k) $\left(-\frac{1}{10}\right)^3 =$ ____ l) $60^2 =$ ____

3 Berechne die Wurzeln!

a) $\sqrt{121} =$ ____ b) $\sqrt{81} =$ ____ c) $\sqrt{2500} =$ ____ d) $\sqrt{0{,}16} =$ ____

e) $\sqrt{\frac{16}{9}} =$ ____ f) $\sqrt{49} =$ ____ g) $\sqrt{0{,}09} =$ ____ h) $\sqrt{6400} =$ ____

4 Ergänze die fehlenden Zahlen!

a) $\square^3 = -64$ b) $10^{\square} = 100000$ c) $\left(\frac{6}{\square}\right)^{\square} = \frac{36}{81}$

d) $\sqrt{\square} = 30$ e) $\sqrt{100 + \square} = 12$ f) $\sqrt{\frac{\square}{16}} = \frac{1}{4}$

5 Ergänze die Tabelle!

a	Schätzung für a^2	Ergebnis des Taschenrechners für a^2	Schätzung für $\sqrt{a}$	Ergebnis des Taschenrechners für $\sqrt{a}$
23,5				
−48				
0,33				
112				

6 Ergänze die Fehlstellen!

a) $\square^3 = 27$ b) $\sqrt[3]{\square} = 3$ c) $\sqrt[3]{27} = \square$

d) $\sqrt[4]{\square} = 10$ e) $\square^4 = 16$ f) $\sqrt[4]{625} = \square$

g) $\sqrt[5]{32} =$ ____ h) $\square^3 = 216$ i) $\sqrt[\square]{216} = 6$

Lösungen

2. a) 49 b) 8 c) $-\frac{1}{8}$ d) 0,25 e) 10000 f) −32 g) $\frac{16}{81}$ h) −1 i) 0,09 j) 160000 k) $-\frac{1}{1000}$ e) 3600

4. a) $(-4)^3$ b) 10^5 c) $(\frac{6}{9})^2$ d) $\sqrt{900}$ e) $\sqrt{100+44}$ f) $\frac{1}{16}$

6. a) 3^3 b) $\sqrt[3]{27}$ c) 3 d) $\sqrt[4]{10000}$ e) 2^4; $(-2)^4$ f) 5 g) 2 h) 6^3 i) $\sqrt[3]{216}$

1. a) 19 b) 3 c) 15 d) 4 e) 12 f) 12

3. a) 11 b) 9 c) 50 d) 0,4 e) $\frac{4}{3}$ f) 7 g) 0,3 h) 80

5.

a	Schätz. für a^2	Tasch. für a^2	Schätz. für $\sqrt{a}$	Tasch. für $\sqrt{a}$
23,5	400	552,25	4,5	4,8
−48	2500	2304	/	/
0,33	0,09	0,108	0,5	0,574
112	10000	12544	10	10,58

1 Rechne im Kopf! Nutze Rechenvorteile!

a) $2 \cdot 5 \cdot 37 =$ ______ b) $28 \cdot 25 \cdot 4 =$ ______ c) $5 \cdot 73 \cdot 20 =$ ______

d) $53 \cdot 4 \cdot 5 =$ ______ e) $2 \cdot 18 \cdot 50 =$ ______ f) $2 \cdot 5 \cdot 7 \cdot 5 \cdot 4 =$ ______

g) $7 \cdot 16 + 3 \cdot 16 =$ ______ h) $\frac{6 \cdot 30}{5 \cdot 12} =$ ______ i) $\frac{28}{7 \cdot 7 \cdot 4} =$ ______

2 Überprüfe folgende Überlegungen auf ihre Richtigkeit! Schreibe „w“ für wahr bzw. „f“ für falsch!

a) $(-4)^3 \cdot 4^3 = (-4)^6$ ______ b) $-3^2 \cdot 3^4 = -3^6$ ______

c) $4^3 \cdot 2^3 = 4 \cdot 2 \cdot 4 \cdot 2 \cdot 4 \cdot 2 = 8^3$ ______ d) $(5^2)^3 = 5^2 + 5^2 + 5^2 = 3 \cdot 5^2$ ______

e) $2^3 \cdot 2^2 + 3^5 = 4^5 + 3^5 = 7^5$ ______ f) $2^3 \cdot 2^2 + 2^5 = 2 \cdot 2^5 = 2^6$ ______

g) $\frac{9 \cdot 9 \cdot 9}{3^3} = \frac{9 \cdot 9 \cdot 9}{3 \cdot 3 \cdot 3} = 3^3$ ______ h) $\frac{{}^{3}\cancel{15}^{\cancel{4}1}}{{}^{1}\cancel{5}^{\cancel{4}1}} = 3$ ______

3 Vereinfache! Verwende dabei Potenzgesetze! Berechne!

a) $4^3 \cdot 4^2 =$ ______ b) $\frac{7 \cdot 7 \cdot 7}{7^2} =$ ______ c) $(5^6) \cdot 5 \cdot 5 =$ ______

d) $\frac{3^5 \cdot 4 \cdot 3}{4^2 \cdot 3^2} =$ ______ e) $\frac{12^8}{6^8} =$ ______ f) $\frac{2^3 \cdot 2^6 \cdot 3 \cdot 3}{3^5 \cdot 2^9} =$ ______

g) $(-5)^3 \cdot (-5)^3 =$ ______ h) $-(3^8 : 3^4) =$ ______ i) $\frac{(-8) \cdot 5^2 \cdot (-8)^2}{5 \cdot 5 \cdot (-8)} =$ ______

4 Vergleiche! Setze das richtige Zeichen „<“; „=“ bzw „>“!

a) $(-2)^5$ ___ $(-2)^4$ b) $(4^3)^2$ ___ 4^{3+2} c) $3^5 \cdot 3^6$ ___ $3^5 + 3^6$

d) $\frac{6^7}{6^3}$ ___ $\frac{6^4}{3^4}$ e) $(8ab)^2$ ___ $64a^2b^2$ f) $4 \cdot 2^5$ ___ 2^6

g) $(-2^3)^4$ ___ $(2^3)^4$ h) $\frac{2^4 + 2^6}{2^4}$ ___ $\frac{2^4 \cdot 2^6}{2^4}$ i) $(4 \cdot 2)^3$ ___ 2^3

5 Vereinfache

a) $2 \cdot x^2 \cdot y \cdot x^2 =$ ______ b) $3a \cdot 5a^2b^2 =$ ______ c) $(-x)^3 \cdot (-x)^6 =$ ______

d) $t^6 : t^2 =$ ______ e) $\frac{4d^5e}{2d^3e^2} =$ ______ f) $\frac{12a(a-b)^3}{3(a-b)^2} =$ ______

6 Ergänze! Verwende dabei Potenzgesetze!

a) $5^{\square} \cdot 5^3 = 5^8$ b) $\square \cdot 2^6 = 8^6$ c) $4x^3 \cdot 9 \cdot \square = 36x^5y$

d) $\frac{\square}{7^4} = 7$ e) $\frac{3^5 \cdot \square}{\square} = 3x^2$ f) $6^4 \, \square \, 6^4 = 2 \cdot 6^4$

Lösungen

3. a) $4^5 = 1024$ b) $\frac{7^3}{7^2} = 7$ c) $5^8 = 390625$ d) $\frac{3^4}{4} = \frac{81}{4}$ e) $(\frac{12}{8})^8 = 2^8 = 256$ f) $\frac{3^2}{3^5} = \frac{1}{27}$ g) $(-5)^6 = 15625$ h) $-3^4 = -81$ i) 64

6. a) 5^5 b) 4^6 c) x^2y d) 7^5 e) z.B. $\frac{x^2}{3^4}$ f) +

4. a) < b) > c) > d) > e) = f) > g) = h) < i) >

2. a) f b) w c) w d) f e) f f) w g) w h) f

5. a) $2x^4y$ b) $15a^3b^2$ c) $(-x)^9$ d) t^4 e) $\frac{2d^2}{e}$ f) $4a(a-b)$

1. a) 370 b) 2800 c) 7300 d) 1080 e) 1800 f) 1400 g) 160 h) 3 i) $\frac{1}{7}$

7 Überprüfe und berichtige gegebenenfalls die Rechnungen!

a) $\frac{3^2}{3^5} = \frac{3^2}{3^2 \cdot 3^3} = 3^3 = 27$ ________________

b) $(-2)^{-4} = \frac{1}{2^4} = \frac{1}{16}$ ________________

c) $3 \cdot x^{-5} = \frac{1}{3x^5}$ ________________

d) $\frac{1}{125} = \frac{1}{5^3} = -5^3$ ________________

8 Vereinfache und berechne mit dem Taschenrechner!

a) $10^5 : 10^7 =$ ________________

b) $\frac{4^5}{4^{11}} =$ ________________

c) $\frac{2^7}{2^9} =$ ________________

d) $\frac{5^2}{8^6 \cdot 5^8} =$ ________________

9 Schreibe als Bruch!

a) $6^{-10} =$ ________

b) $(-3)^{-4} =$ ________

c) $(\sqrt{11})^{-3} =$ ________

d) $2 \cdot x^{-4} =$ ________

e) $10^{-7} =$ ________

f) $(3xy)^{-2} =$ ________

10 Vergleiche! Setze das richtige Zeichen „<“; „=“ bzw „>“!

a) 8^{-3} ________ 8^{-4}

b) $\frac{2}{3^6}$ ________ $2 \cdot 3^{-6}$

c) 10^{-5} ________ $5 \cdot 10^{-4}$

d) $-\frac{1}{32}$ ________ 2^{-5}

e) $-\frac{1}{9}$ ________ -3^{-2}

f) 0,01 ________ 10^{-2}

11 Berechne die Terme für die gegebenen Werte!

a	–2	–1	0	1	2
$4 \cdot a^3$					
$a^4 + 2$					
4^a					
$\frac{1}{4^a}$					

12 Vereinfache und berechne, wenn möglich!

a) $(5^{-2} \cdot 5^3)^2 =$ ________________

b) $\frac{3 \cdot x^2 \cdot y^3}{y^5 \cdot x^2} =$ ________________

c) $\frac{4^6 \cdot 2^{-3} \cdot a^2}{4^3 \cdot a} =$ ________________

d) $0{,}5^6 \cdot (-0{,}5)^{-6} =$ ________________

Lösungen

10. a) > b) = c) < d) < e) = f) =

11.

a	–2	–1	0	1	2
$4 \cdot a^3$	–32	–4	0	4	32
$a^4 + 2$	18	3	2	3	18
4^a	$\frac{1}{16}$	$\frac{1}{4}$	1	4	16
$\frac{1}{4^a}$	16	4	1	$\frac{1}{4}$	$\frac{1}{16}$

9. a) $\frac{1}{6^{10}}$ b) $\frac{1}{(-3)^4}$ c) $\frac{1}{\sqrt{11}^3} = \frac{1}{11\sqrt{11}}$ d) $\frac{2}{x^4}$ e) $\frac{1}{10^7}$ f) $\frac{1}{9x^2y^2}$

12. a) $5^2 = 25$ b) $\frac{3}{y^2}$ c) $\frac{4^3 \cdot a}{2^3} = 8a$ d) 1

8. a) $10^{-2} = 0{,}01$ b) $4^{-6} = 0{,}00024$ c) $2^{-2} = 0{,}25$ d) $\frac{1}{8^6 \cdot 5^6} = \frac{1}{40^6} = 2{,}4 \cdot 10^{-10}$

7. a) (f) $\frac{1}{3^3}$ b) (w) $\frac{1}{(-2)^4} = \frac{1}{2^4}$ c) (f) $\frac{3}{x^5}$ d) (f) 5^{-3}

1 Ordne den Wertetabellen jeweils die richtige Zuordnungsvorschrift zu!

a)

y	−4	0	1	3
x	−2	2	3	5

b)

x	−2	−1	0	1	2
y	−6	−3	0	3	6

c)

x	−2	−1	0	1	3
y	4	1	0	1	9

d)

x	−4	−1	3	8
y	−2	−0,5	1,5	4

1) Jeder Zahl x wird ihr Dreifaches zugeordnet. ____________

2) Jeder Zahl x wird das Quadrat von x zugeordnet. ____________

3) Jeder Zahl x wird die um 2 vermehrte Zahl zugeordnet. ____________

4) Jeder Zahl x wird die Hälfte von x zugeordnet. ____________

2 Ergänze die Wertetabellen, indem du die gesuchten Werte der grafischen Darstellung entnimmst! Gib die Funktionsgleichungen an!

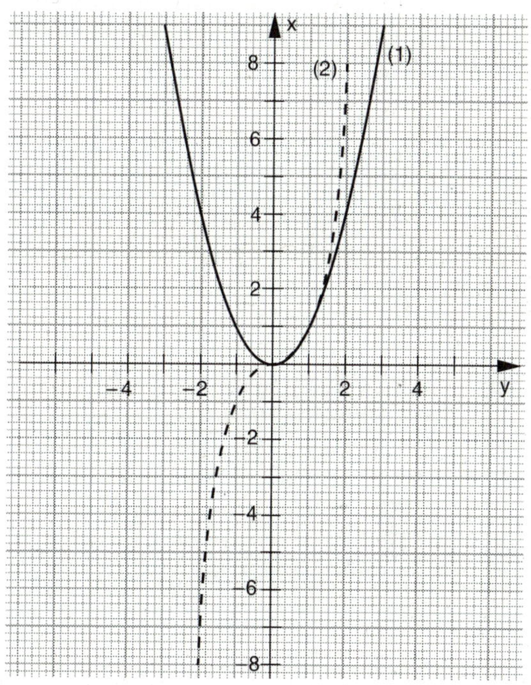

(1) y = ________

x	−2	−1	0	0,5	1	3
y						

(2) y = ________

x	−2	−1	0	1	1,5	2
y						

3 Ergänze die Werteabellen und vergleiche! Zeichne die Funktion in nebenstehendes Koordinatensystem ein!

a) $y = x^4$

x	−1,5	−1	−0,5	0	1	1,5
y						

b) $y = x^5$

x	−1,5	−0,8	0	0,5	1	1,5
y						

4 Richtig oder falsch? Entscheide anhand der Funktionen aus den Aufgaben 2 und 3!

a) Bei den Funktionen aus den Aufgaben 2 und 3 sind die Funktionswerte immer positiv. ____________

b) Je größer der Exponent, desto größer („steiler") der Anstieg des Graphen für $x > 0$. ____________

c) Die Punkte (1; 1) und (−1; −1) haben alle Graphen gemeinsam. ____________

d) Die Graphen der Funktionen mit geraden Exponenten sind symmetrisch zur x-Achse. ____________

e) Bei den Funktionen mit ungeraden Exponenten sind die Funktionswerte für $x < 0$ negativ. ____________

Lösungen

2. a) $y = x^2$

x	−2	−1	0	0,5	1	3
y	4	1	0	0,25	1	9

b) $y = x^3$

x	−2	−1	0	1	1,5	2
y	−8	−1	0	1	3,4	8

4. a) falsch
b) richtig
c) falsch
d) richtig
e) richtig

1. (1) ≙ b)
(2) ≙ c)
(3) ≙ a)
(4) ≙ d)

3. a)

x	−1,5	−1	0	0,5	1	1,5
y	5,1	1	0,06	0	1	5,1

b)

x	−1,5	−0,8	0	0,5	1	1,5
y	−7,6	−0,33	0	0,03	1	7,6

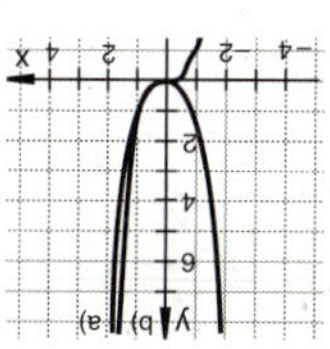

1 Berechne!

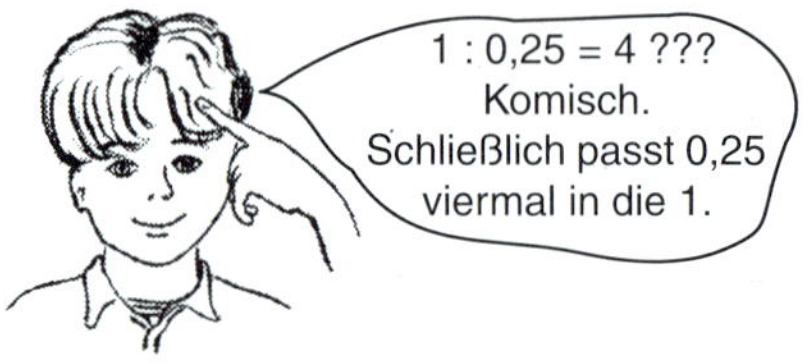

a) $0{,}25^{-1} = \frac{1}{0,25} =$ ______ b) $0{,}2^{-1} =$ ______

c) $0{,}1^{-1} =$ ______ d) $0{,}5^{-2} =$ ______

e) $0{,}1^{-2} =$ ______

2 Berechne mit dem Taschenrechner! Ordne die Potenzen beginnend mit der kleinsten Potenz!

a) $2^{-2} =$ ______ $2^{-4} =$ ______ $2^{-6} =$ ______

b) $0{,}5^{-2} =$ ______ $0{,}5^{-4} =$ ______ $0{,}5^{-6} =$ ______

c) $1^{-2} =$ ______ $1^{-3} =$ ______ $1^{-4} =$ ______

d) $(-0{,}3)^{-2} =$ ______ $(-0{,}3)^{-3} =$ ______ $(-0{,}3)^{-4} =$ ______

3 Stelle die Funktionen $y = \frac{1}{x^2}$ und $y = \frac{1}{x^3}$ im Bereich $-2 \le x \le 2$ grafisch dar!

$y = \frac{1}{x^2}$

x	−2	−1	−0,5	0	0,8	1	2
y							

$y = \frac{1}{x^3}$

x	−2	−1	0	0,5	1	2	3
y							

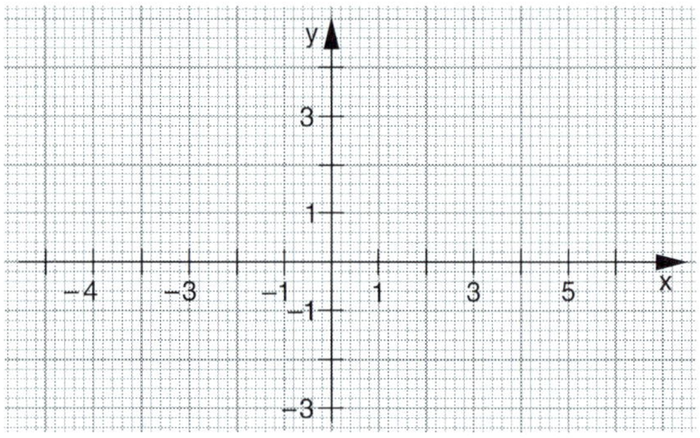

4 Ergänze folgende Wertetabellen! Wähle weitere x-Werte! Beschreibe die Lage der Punkte im Koordinatensystem!

$y = \frac{1}{x^2}$

x	−50	30	0,1	−0,1			
y							

______

______

$y = \frac{1}{x^3}$

x	−20	15	0,1	−0,1			
y							

______

______

5 Für welche der Funktionen in Aufgabe 4 gelten folgende Aussagen?

a) Die Funktion hat keine Nullstelle. ______

b) Die y-Werte sind immer positiv. ______

c) Die Funktion ist für x = 0 nicht definiert. ______

d) Bei negativen x-Werten sind auch die y-Werte negativ. ______

e) Je weiter sich die x-Werte 0 annähern, desto größer sind die y-Werte. ______

Lösungen

4. $y = \frac{1}{x^2}$ (1. und 2. Quadrant)
$y = \frac{1}{x^3}$ (1. und 3. Quadrant)

5. a) $\frac{1}{x^2}$; $\frac{1}{x^3}$ b) $\frac{1}{x^2}$
c) $\frac{1}{x^2}$; $\frac{1}{x^3}$ d) $\frac{1}{x^3}$ e) $\frac{1}{x^2}$

1. a) 4 b) 5
b) 10 d) 4
e) 100

3. $y = \frac{1}{x^2}$: (−2; 0,25), (−1; 1), (−0,5; 4), (0; n.d.), (0,8; 1,56), (1; 1), (1,5; 0,44)
$y = \frac{1}{x^3}$: (−2; −0,125), (−1; −1), (0; n.d.), (0,5; 8), (1; 1), (2; 0,125)

2. a) 0,25; 0,0625; 0,0156 ($2^{-6} < 2^{-4} < 2^{-2}$) b) 4; 16; 64 ($0{,}5^{-2} < 0{,}5^{-4} < 0{,}5^{-6}$)
c) 1; 1; 1 d) 11,1; −37,04; 123,46 ($(-0{,}3)^{-3} < (-0{,}3)^{-2} < (-0{,}3)^{-4}$)

1 Markiere in unterschiedlicher Weise die beschriebenen Abschnitte bzw. Punkte auf den Graphen:

∿∿	die Funktionswerte sind negativ	∧∧∧	die Funktionswerte sind positiv
↗	der Graph steigt	↘	der Graph fällt
x	die Nullstelle		

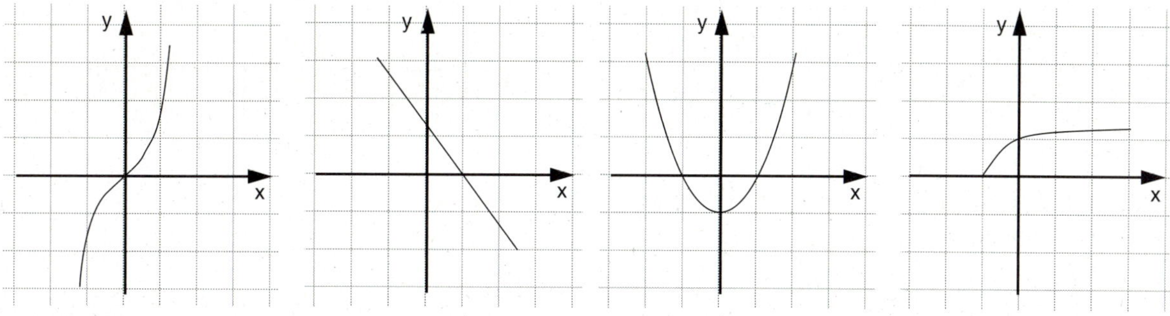

2 Die Seitenlänge von Quadraten wird ihrem Flächeninhalt zugeordnet. Fülle die Tabelle aus! Stelle die Zuordnung grafisch dar!

A in cm^2	1	4	5	8	9	12
a in cm						

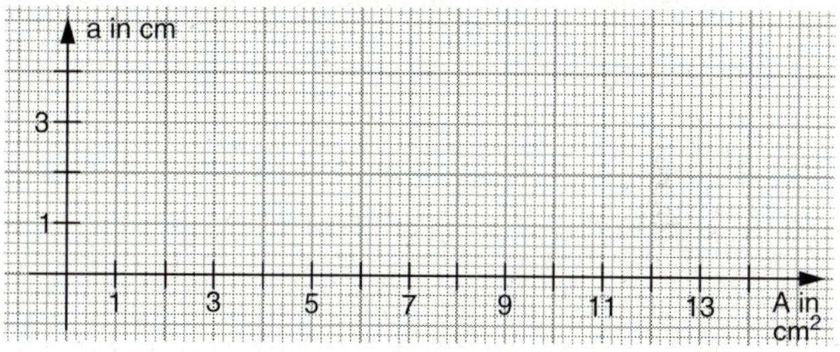

Gib die Funktionsgleichung des Graphen an!

____

3 Die Kantenlänge x von Würfeln wird ihrem Volumen y zugeordnet. Fülle die Tabelle aus! Stelle die Zuordnung grafisch dar!

y in cm^3	1	4	5	8	9	12
x in cm						

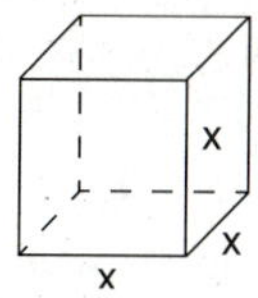

Auf welchem Funktionsgraphen liegen die Punkte? ________________________

4 Erstelle Wertetabellen für die Funktionen $y = \sqrt{x} + 2$ und $y = \sqrt{x+2}$! Zeichne die Funktionsgraphen!

$y = \sqrt{x} + 2$

x	−1	0	1	4	6
y					

$y = \sqrt{x+2}$

x	−1	0	1	4	6
y					

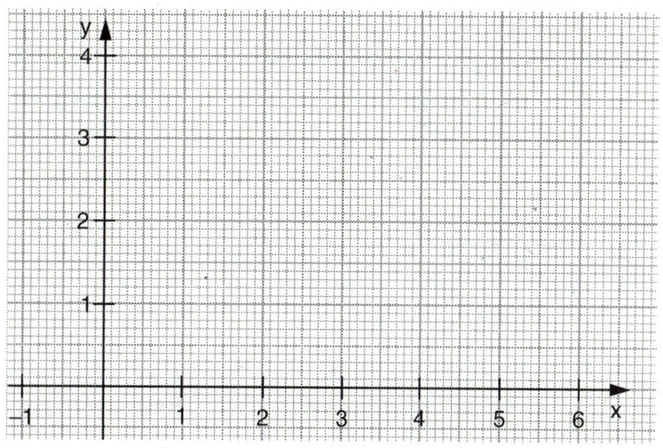

Was bewirkt jeweils der Summand 2?

____

Lösungen

4. $y = \sqrt{x} + 2$: (−1; n. d.), (0; 2), (1; 3), (4; 4), (6; 4,45)
(Der Graph von $y = \sqrt{x}$ wird um 2 Einheiten nach oben verschoben.)
$y = \sqrt{x+2}$: (−1; 1), (0; 1,4), (1; 1,73), (4; 2,45), (6; 2,38)
(Der Graph von $y = \sqrt{x}$ wird um 2 Einheiten nach links verschoben.)

2. (A; a): (1; 1), (4; 2), (5; 2,24), (8; 2,83), (9; 3), (12; 3,46)
$a = \sqrt{A}$

1.

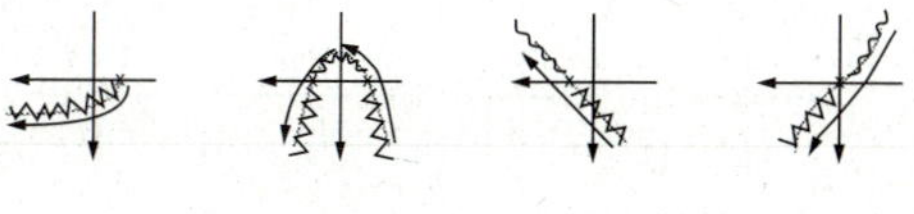

3. (y; x): (1; 1), (4; 1,58), (5; 1,71), (8; 2), (9; 2,08), (12; 2,29)
$x = \sqrt[3]{y}$

1 Ergänze die Wertetabellen! Stelle die Funktionen grafisch dar!

$f_1(x) = x + 1$

x	−1	0	1
y			

$f_2(x) = 2 \cdot (x + 1)$

x	−2	−1	0
y			

$f_3(x) = 0{,}5 \cdot (x + 1)$

x	−1	0	1
y			

$f_4(x) = -1 \cdot (x + 1)$

x	−1	0	1
y			

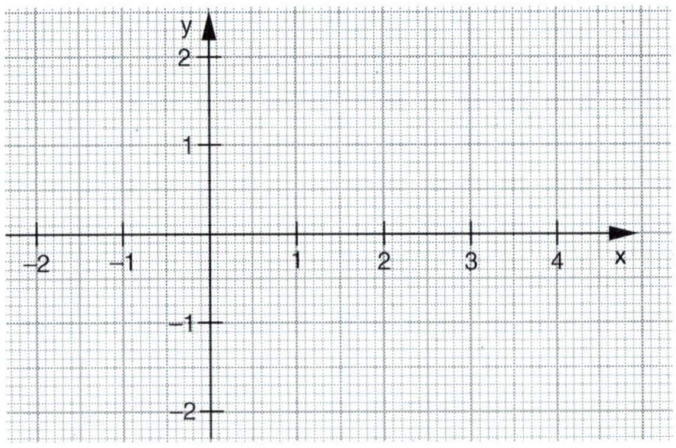

Triff Aussagen zu Nullstellen und Anstieg der Funktionen!

2 Es wurden Graphen von Funktionen der Form $y = a \cdot x^2$ dargestellt. Fülle die Tabellen aus und ermittle jeweils die Funktionsgleichung!

(1)

x				
y				

(2)

x				
y				

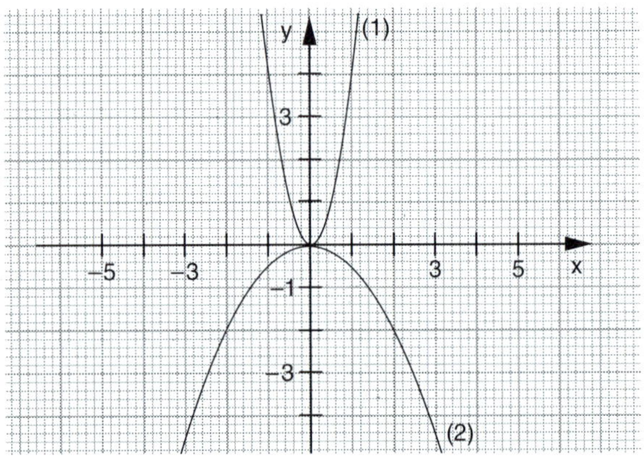

3 Ordne den Funktionsgleichungen den richtigen Graphen zu!

$f(x) = x^3$ ________

$f(x) = \frac{1}{4} \cdot x^3 = \frac{x^3}{4}$ ________

$f(x) = -3 \cdot x^3$ ________

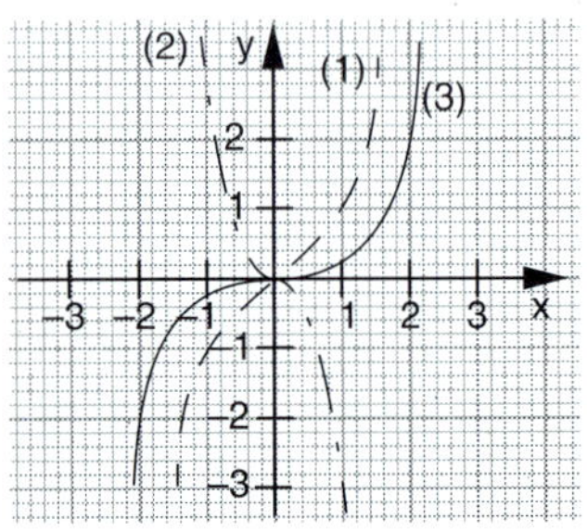

4 Zeichne die fehlenden Graphen in die Koordinatensysteme!

a) 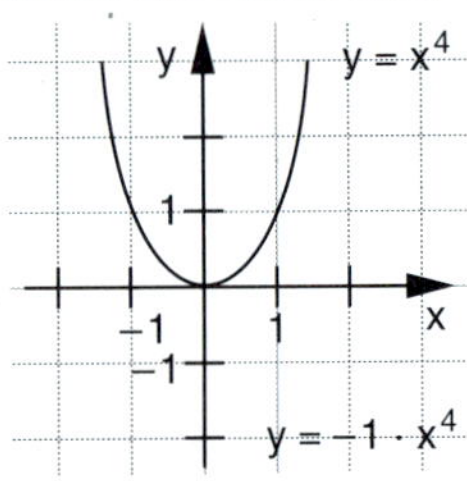

b) 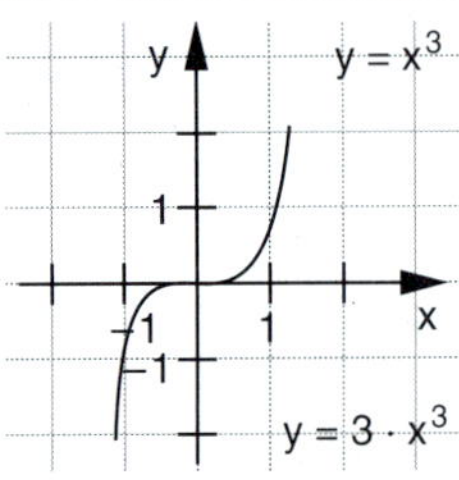

c) 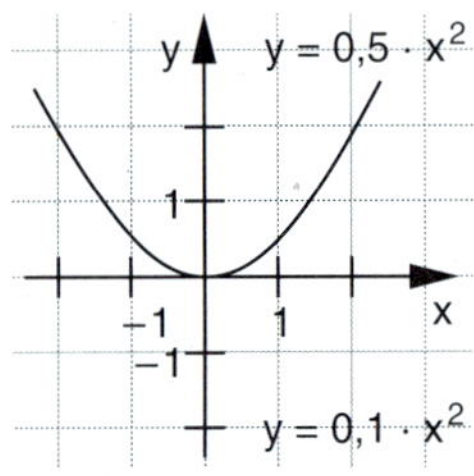

d) 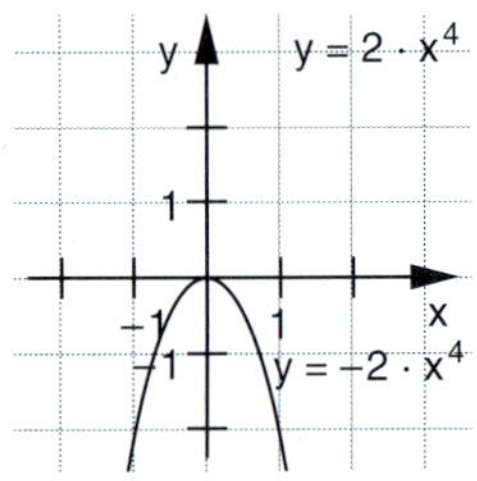

Lösungen

4. a) b) c) d)

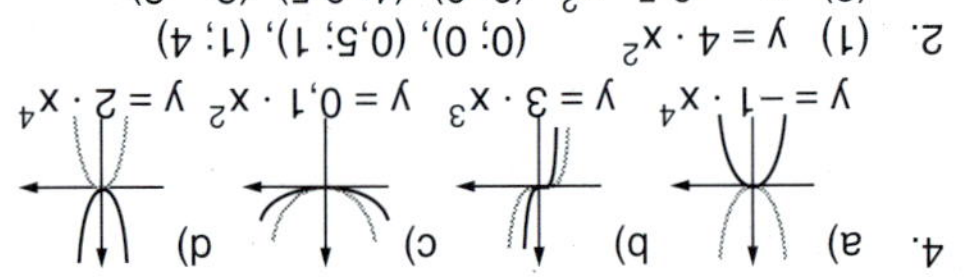

2. (1) $y = 4 \cdot x^2$ (0; 0), (0,5; 1), (1; 4)
(2) $y = -0{,}5 \cdot x^2$ (0; 0), (1; 0,5), (2; −2)

1.

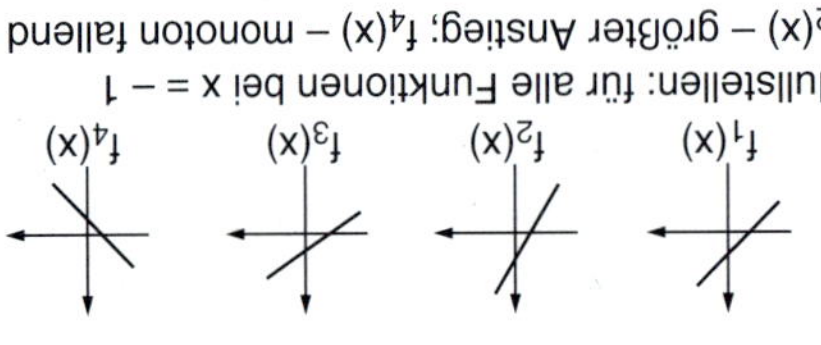

Nullstellen: für alle Funktionen bei x = − 1
$f_2(x)$ – größter Anstieg; $f_4(x)$ – monoton fallend

3. $f(x) = x^3$ (1)
$f(x) = 0{,}25 \cdot x^3$ (3)
$f(x) = -3 \cdot x^3$ (2)

1 Verschiedene Gefäße werden gleichmäßig mit Wasser gefüllt. Im Diagramm sind die Füllkurven dargestellt (Höhe h des Wasserstandes im Gefäß in Abhängigkeit von der Zeit t). Ordne zu!

a) b) c) d) e)

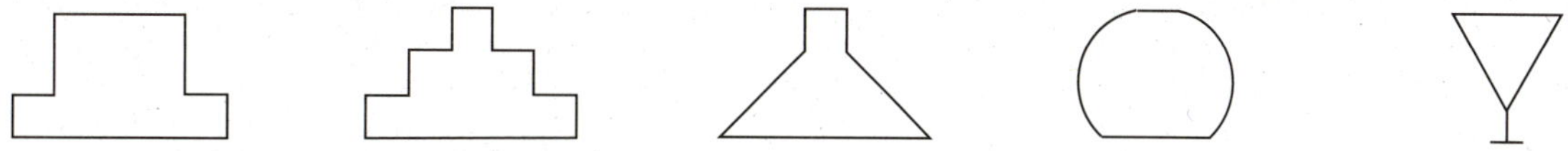

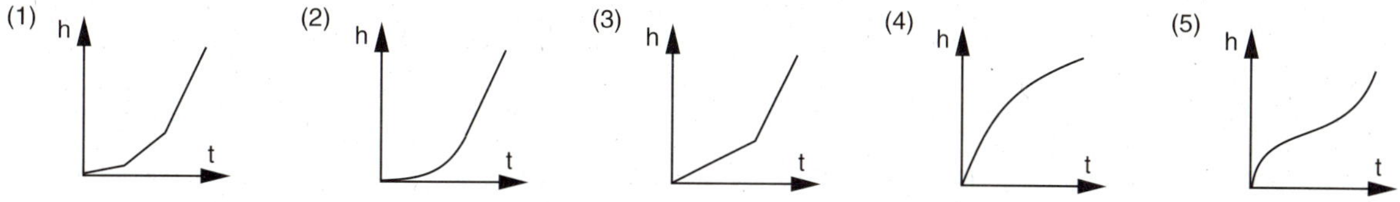

2 Zeichne die Graphen! Fülle dazu die Tabellen aus!
Gib die Funktionen an, zu denen die Aussagen passen!

a) $f_1(x) = x^3 - 1$

x	−1	0	1	2
y				

b) $f_2(x) = 2(x^3 - 1)$

x	−1	0	1	2
y				

c) $f_3(x) = 2x^3 - 1$

x	−1	0	1	2
y				

– Der Scheitelpunkt ist gegenüber dem bei $y = x^3$ um eine Einheit nach unten verschoben. ________
– Die Graphen sind steiler als bei $y = x^3$. ________
– Der Schnittpunkt mit der y-Achse liegt bei $y = -1$. ________
– Die Nullstelle liegt bei $x = 1$. ________

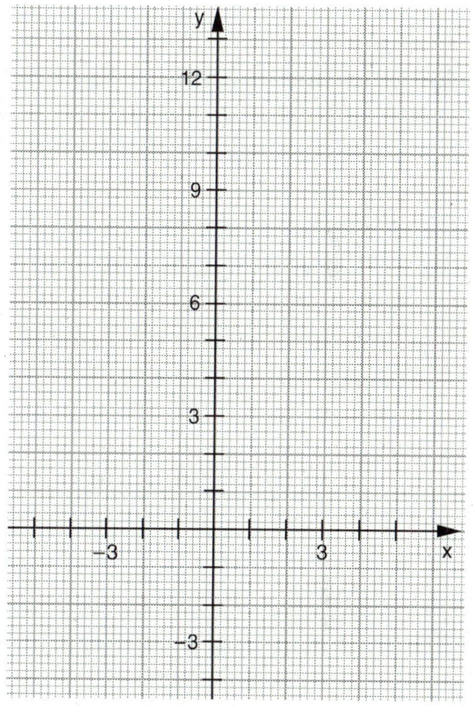

3 Fülle für die gegebenen Graphen die Tabellen aus und gib die Funktionsgleichungen an!

(1)

x	−1	0	1	1,5
y				

____

(2)

x	−2	−1	0	1
y				

____

(3)

x	−1	0	1	1,5
y				

____

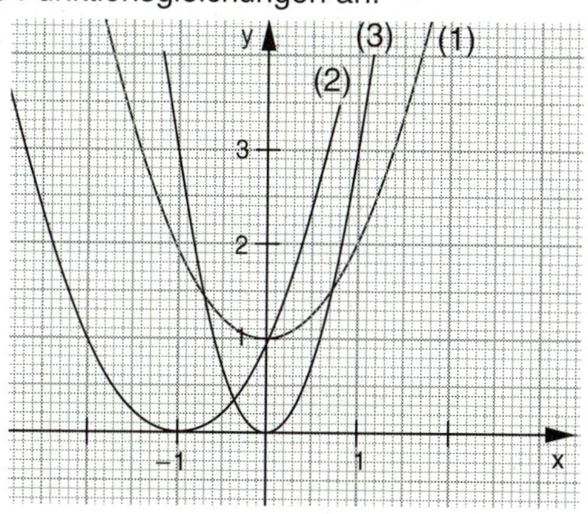

Lösungen

3. (1): $y = x^2 + 1$
(2): $y = (x + 1)^2$
(3): $y = 3x^2$

1. a) ↔ (3)
b) ↔ (1)
c) ↔ (2)
d) ↔ (5)
e) ↔ (4)

2. a)

x	−1	0	1	2
y	−2	−1	0	7

b)

x	−1	0	1	2
y	−4	−2	0	14

c)

x	−1	0	1	2
y	−3	−1	1	15

Scheitelpunkt verschoben: f_1 und f_3
steilere Graphen: f_2 und f_3
Schnittpunkt bei (0; −1): f_1 und f_3
Nullstelle bei x = 1: f_1 und f_2

4 Ordne jedem Graphen seine Funktionsgleichung zu! Begründe deine Entscheidung!

a) $y = \frac{1}{x^2}$ ______________________

b) $y = \frac{1}{x^5}$ ______________________

c) $y = \frac{1}{x^6}$ ______________________

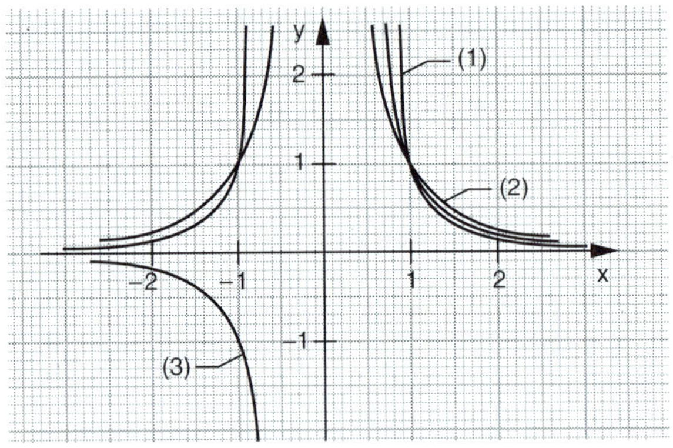

5 Dargestellt sind die Graphen verschiedener Funktionen. Skizziere die Graphen der folgenden Funktionen dazu!

$y = x^6$

a) 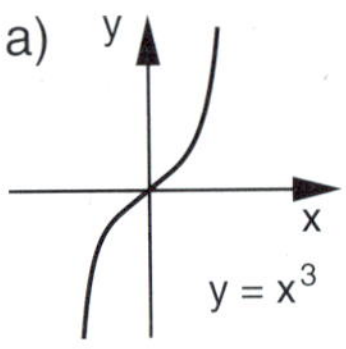

$y = 3 \cdot \sqrt{x}$

b) 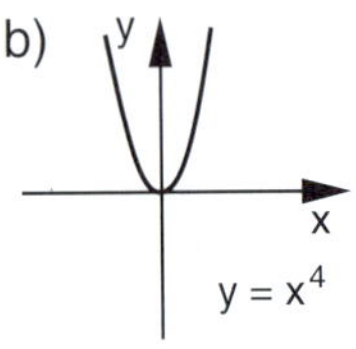

$y = x^2 + 1$

c) 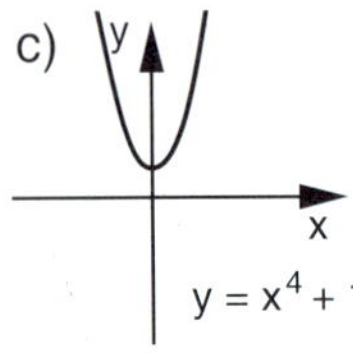

$y = x^5$

d) 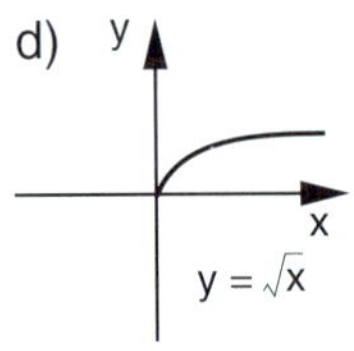

$y = (x + 1)^2$

e) 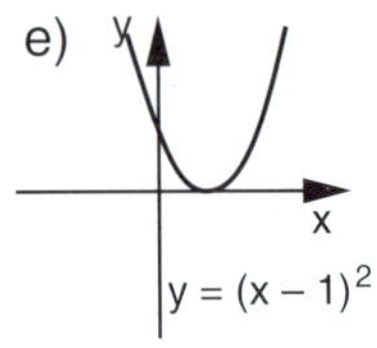

6 Bestätige durch Rechnung, dass der abgebildete Graph zur Funktion $y = -3\sqrt{x}$ gehört!

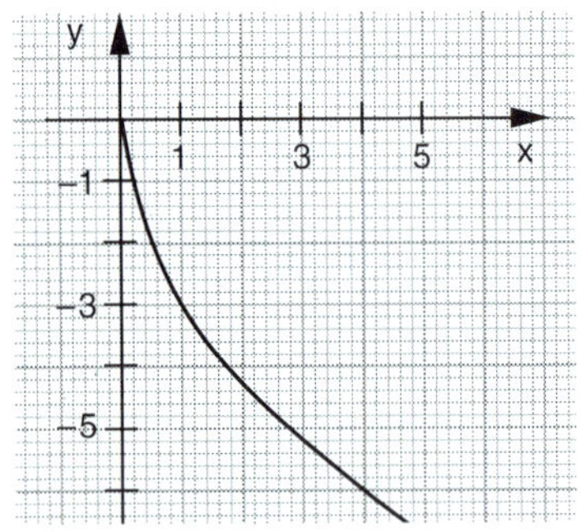

7 a) Tom läuft Marathon mit der etwa gleichbleibenden Geschwindigkeit von $v = 12\ \frac{km}{h}$.

Ergänze die Tabelle und stelle die Zuordnung grafisch dar!

Zeit in h	1	2	2,5	3
Weg in km				

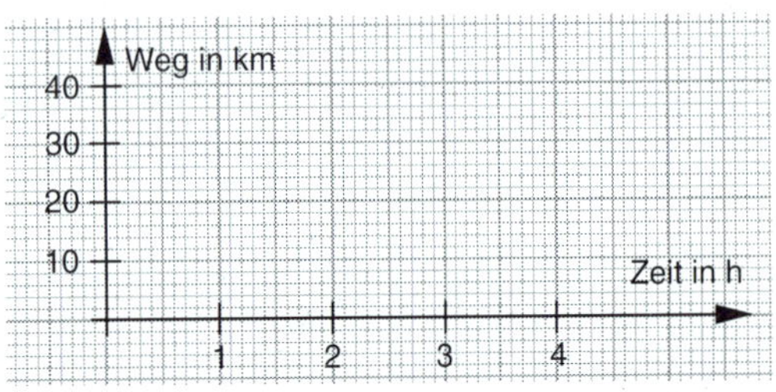

b) Eine Kugel im freien Fall wird immer schneller. Die zurückgelegte Strecke berechnet sich in Abhängigkeit von der Zeit.
$s = \frac{g}{2} \cdot t^2$ (Erdbeschleunigung $g \approx 10\ \frac{m}{s^2}$)
Ergänze die Tabelle und stelle die Zuordnung grafisch dar!

Zeit in s	0	0,5	1	1,5	2
Strecke in m					

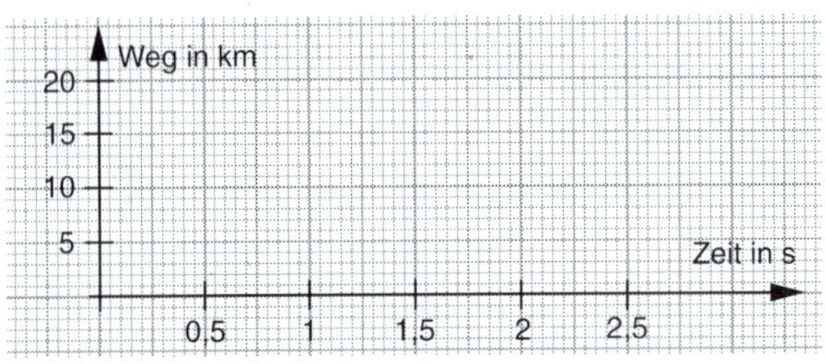

Lösungen

6. Z.B.: $x = 1$; $y = -3$
$y = -3 \cdot \sqrt{1} = -3$ (wahr)
$x = 2$; $y \approx -4{,}2$
$y = -3 \cdot \sqrt{2} = -4{,}2$

5. $y = x^6 \leftrightarrow$ b)
$y = 3 \cdot \sqrt{x} \leftrightarrow$ d)
$y = x^2 + 1 \leftrightarrow$ c)
$y = x^5 \leftrightarrow$ a)
$y = (x + 1)^2 \leftrightarrow$ e)

7. a)

Zeit in h	1	2	2,5	3
Weg in km	12	24	30	36

b)

Zeit in s	0	0,5	1	1,5	2
Strecke in m	0	1,25	5	11,25	20

4. a) $\leftrightarrow$ (2)
b) $\leftrightarrow$ (3)
c) $\leftrightarrow$ (1)

1 Setze die Folgen fort!

a) 1; 6; 11; 16, ____ ____ ____

b) 1; 2; 4; 7; 11; 16; ____ ____ ____

c) 1; $\frac{1}{2}$; $\frac{1}{4}$; $\frac{1}{8}$; ____ ____ ____

d) 1; 3; 9; 27; 81; 243; ____ ____ ____

2 a) Falte ein Blatt Papier zur Hälfte! Falte das gefaltete Blatt erneut zur Hälfte! Setze das Verfahren fort! Fülle die folgende Tabelle aus und stelle die Zuordnung grafisch dar!

Anzahl der Faltvorgänge (x)	1	2	3	4	5
Lagen des Papiers (y)					

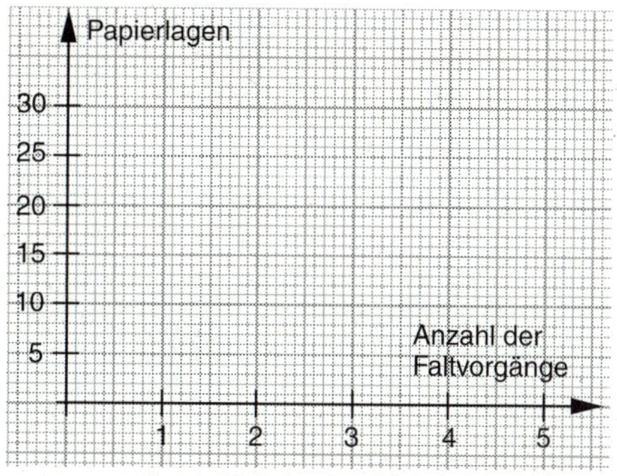

b) Bestätige durch Rechnung, dass die Wertepaare aus Aufgabe a) bei der Funktionsgleichung $y = 2^x$ wahre Aussagen ergeben!

3 Stelle die folgenden Funktionen im Definitionsbereich $-2 \le x \le 2$ grafisch dar! Fülle dazu auch die Tabelle aus!

$f_1(x) = 3^x$

x	−2	−1	0	1	2
y					

$f_2(x) = 4^x$

x	−2	−1	0	1	2
y					

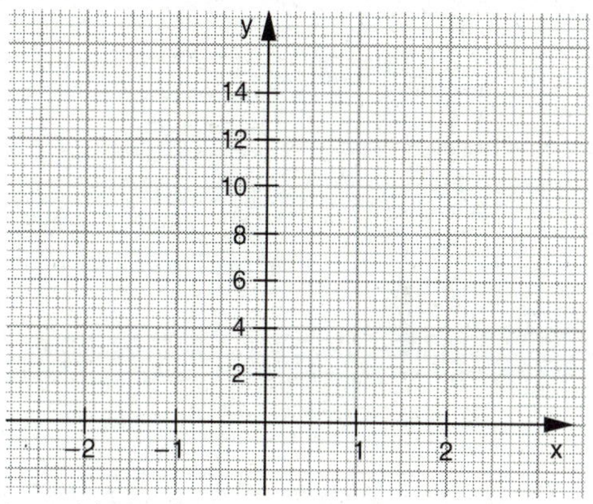

4 Stelle die folgenden Funktionen im Definitionsbereich $-2 \le x \le 2$ grafisch dar! Fülle dazu auch die Tabelle aus!

$f_3(x) = 0{,}5^x$

x	−2	−1	0	1	2
y					

$f_4(x) = 0{,}9^x$

x	−2	−1	0	1	2
y					

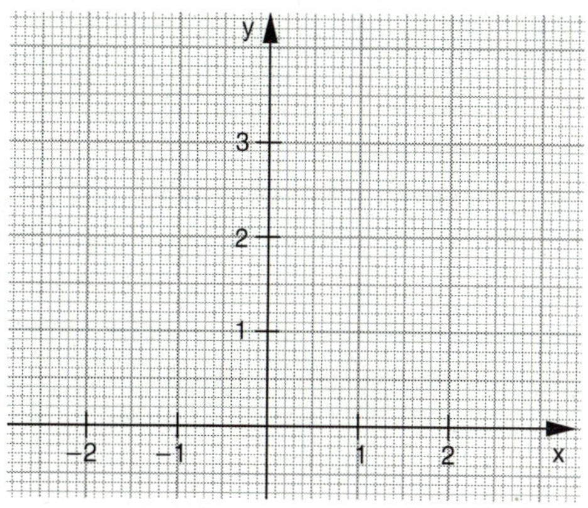

Lösungen

1. a) 21; 26; 31
b) 22; 29; 37
c) $\frac{1}{16}$; $\frac{1}{32}$; $\frac{1}{64}$
d) 729; 2187; 6561

3.

x	−2	−1	0	1	2
$f_1(x)$	0,1	$0,\overline{3}$	1	3	9

x	−2	−1	0	1	2
$f_2(x)$	0,06	0,25	1	4	16

4.

x	−2	−1	0	1	2
$f_3(x)$	4	2	1	0,5	0,25

x	−2	−1	0	1	2
$f_4(x)$	1,2	1,1	1	0,9	0,81

2.

x	1	2	3	4	5
y	2	4	8	16	32

z. B.: $2^1 = 2$ (wahre Aussage)
$2^2 = 4$ (wahre Aussage)
$2^3 = 8$ (wahre Aussage)

5 Für welche Funktionen in den Aufgaben 3 und 5 von Seite 13 gelten die folgenden Aussagen?

a) Der Funktionsgraph verläuft durch den Punkt (0; 1). ______________________

b) Für $x < 0$ nähern sich die Funktionswerte dem Wert 0. ______________________

c) Die Funktion hat keine Nullstelle. ______________________

d) Je kleiner x, desto größer die Funktionswerte. ______________________

6 Ordne jedem Graphen seine Funktionsgleichung zu!

a) $y = 3^x$

b) $y = 5^x$

c) $y = -(5)^x$

d) $y = 6^x$

e) $y = (\frac{1}{6})^x$

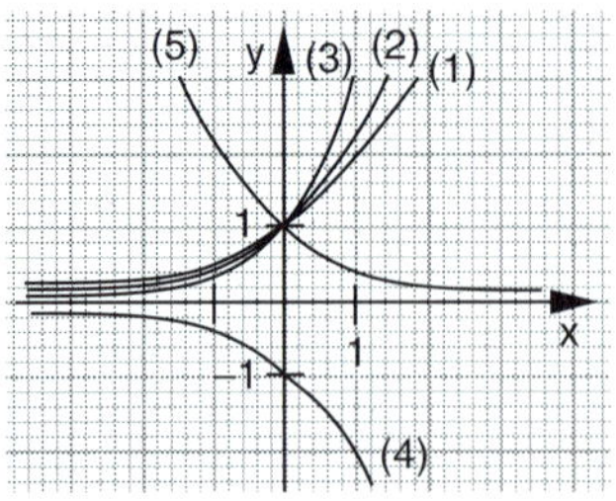

7 Löse folgende Gleichungen!

a) $2^x = 1$ ______________________

b) $2^x = 0{,}25$ ______________________

c) $2^x = 16$ ______________________

d) $2^x = 0{,}5$ ______________________

8 Spiegele den Graphen von $y = 2^x$ an der Geraden $y = x$ und fülle für diesen Graphen die Wertetabelle aus!

x	0,5	0,25	1	2	4
y					

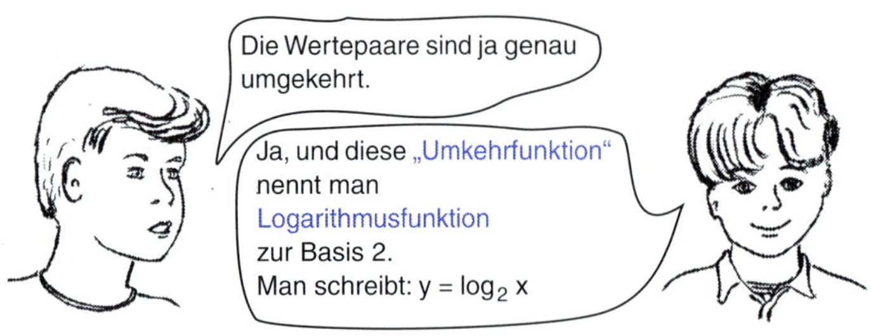

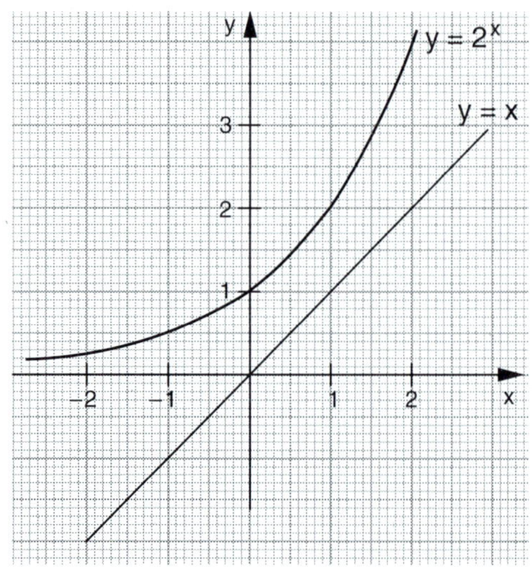

9 Ergänze die Leerstellen so, dass wahre Aussagen entstehen!

a) $2^{☐} = 32$, also $\log_2 32 = 5$ b) $10^2 =$ ☐, also $\log_{10}$ ☐ $= 2$

c) ☐$^3 = 27$, also $\log_{☐} 27 =$ ☐ d) ☐$^4 =$ ☐, also $\log_2$ ☐ $=$ ☐

10 Überprüfe, ob der dargestellte Abschnitt des Graphen zur Funktion $f_1(x) = \log_5 x$ oder zur Funktion $f_2(x) = \log_{10} x$ gehören kann! Begründe!

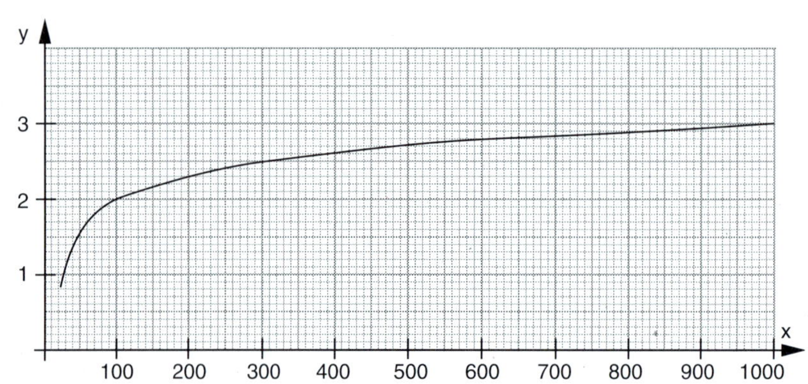

Lösungen

5. a) $f_1; f_2; f_3; f_4$ b) $f_1; f_2$ c) $f_1; f_2; f_3; f_4$ d) $f_3; f_4$

6. (1) ↔ $y = 3^x$ (2) ↔ $y = 5^x$ (4) ↔ $y = -(5)^x$ (3) ↔ $y = 6^x$; (5) ↔ $y = (\frac{1}{6})^x$

7. a) $x = 0$ b) $x = -2$ c) $x = 4$ d) $x = -1$

8.

x	0,5	0,25	1	2	4
y	−1	−2	0	1	2

9. a) $2^5 = 32$ b) $10^2 = 100$; $\log_{10} 100 = 2$ c) $3^3 = 27$; $\log_3 27 = 3$ d) $2^4 = 16$; $\log_2 16 = 4$

10. Die Wertepaare (100; 2) und (1000; 3) des Graphen erfüllen die Gleichung $y_2 = \log_{10} x$. $10^2 = 100$ und $10^3 = 1000$

1 Ordne die Bezeichnungen rechter Winkel, stumpfer Winkel, überstumpfer Winkel, spitzer Winkel, gestreckter Winkel und Vollwinkel den Gradzahlen richtig zu!

a) 280° ____________ b) 80° ____________

c) 180° ____________ d) 90° ____________

e) 360° ____________ f) 160° ____________

2 Ergänze die Angaben wie bei a)!

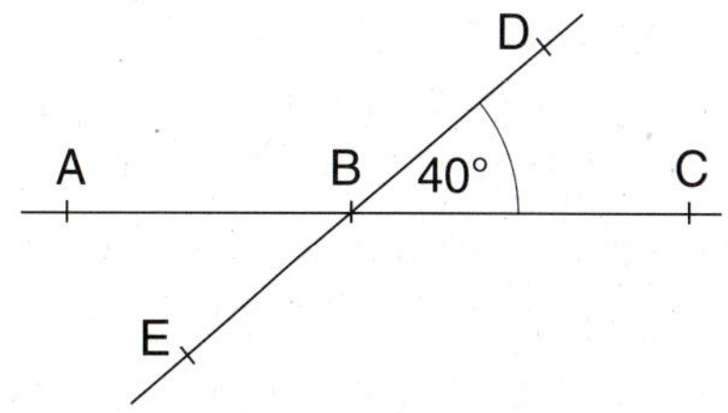

a) spitzer Winkel: ∢CBD = 40°

b) gestreckter Winkel: ____________

c) stumpfer Winkel: ____________

d) überstumpfer Winkel: ____________

Winkelgrößen können im Gradmaß (in der Einheit Grad; z. B. $\alpha = 40°$) angegeben werden. Eine andere Möglichkeit ist das Bogenmaß. Hierbei wird dem Winkel der entsprechende Bogen eines Einheitskreises ($r = 1$) zugeordnet. Diese Größe wird mit arc α (gelesen: arkus alpha) angegeben.

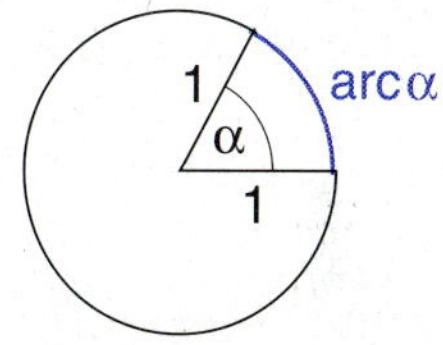

3 Gib die Länge des Bogens am Einheitskreis für folgende Winkel an!

a) 90°; $b = \frac{\pi}{2} = 1{,}571$ b) 180°; b = ____________

c) 36°; b = ____________ d) 360°; b = ____________

e) 45°; b = ____________ f) 270°; b = ____________

4 Ergänze die fehlenden Angaben!

Gradmaß α					
Bogenmaß arc α	$\frac{\pi}{2}$	$\frac{\pi}{3}$	$\frac{\pi}{6}$	$\frac{2\pi}{3}$	$\frac{\pi}{10}$

5 Während einer Fahrt sagt der Fahrer zu seinem Beifahrer: „Schau mal, bei 2 Uhr, die schöne Burg!“ Was meint er wohl damit?

____

____

Lösungen

2. z. B. b) ∢ABC = ∢EBD = 180° c) ∢ADB = 140° d) ∢CBE = ∢DBC = 320°

4. 90°; 60°; 30°; 120°; 18°

1. a) überstumpfer W. b) spitzer W. c) gestreckter W. d) rechter W. e) Vollwinkel f) stumpfer W.

3. b) $\pi = 3{,}14$ c) $\frac{\pi}{5} = 0{,}63$ d) $2\pi = 6{,}28$ e) $\frac{\pi}{4} = 0{,}79$ f) $\frac{3}{2}\pi = 4{,}71$

5. Von der Fahrtrichtung etwa 60° nach rechts (s. Zifferblatt der Uhr)

6 Um insgesamt wie viel Grad dreht sich jemand, der

a) eine volle Drehung,

um ____________

b) zwei volle Drehungen ausführt?

um ____________

Drehungen in positivem Drehsinn, d.h. entgegen dem Uhrzeigersinn, über den Vollwinkel hinaus werden mit Gradzahlen über 360° bezeichnet. Drehungen im negativen Drehsinn, d.h. im Uhrzeigersinn, werden mit negativen Maßzahlen bezeichnet.

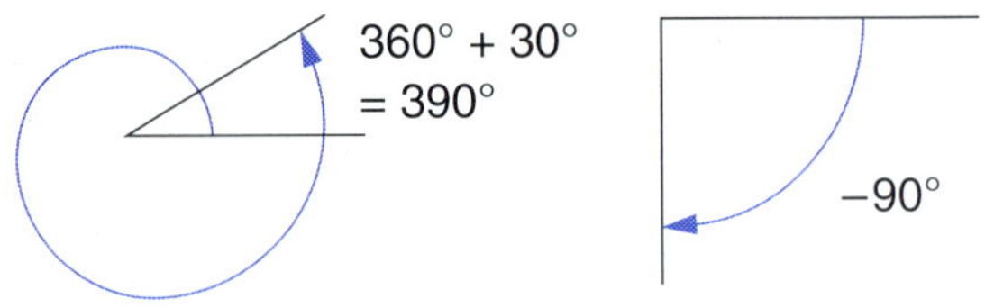

7 Gib die Gradzahlen an!

a)

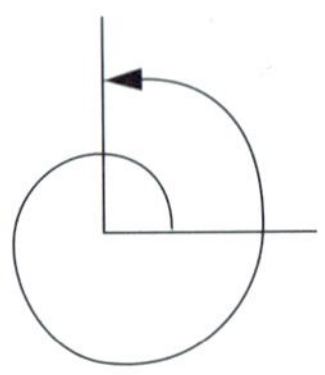

____

b)

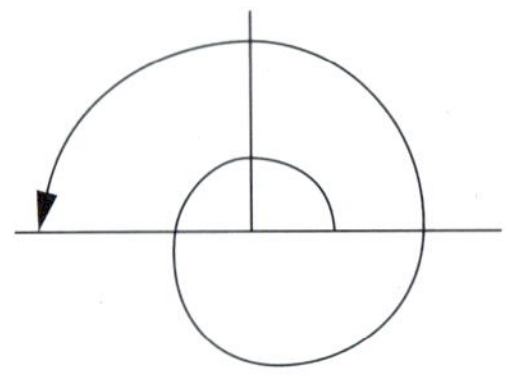

____

c)

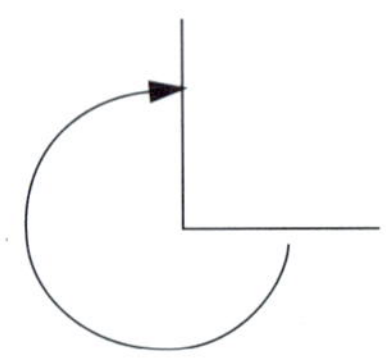

____

8 Welche Gradzahl entsteht?

a) positiver Drehsinn, eine volle Drehung und 84° ____________

b) positiver Drehsinn, zwei Drehungen und 168° ____________

c) negativer Drehsinn, 66° ____________

d) negativer Drehsinn, eine volle Drehung und 195° ____________

9 Winkel, deren Größe sich um Vielfache von 360° unterscheidet (z.B. 10°; 370°; 730°; –350°), heißen zueinander äquivalent. Als Hauptwert bezeichnet man denjenigen dieser Winkel, der im Bereich von 0° bis 360° liegt.
Ermittle jeweils den Hauptwert folgender Winkel!

Winkelgröße	400°	750°	300°	1000°	–70°	–200°
Hauptwert						

10 Lies die Innenwinkelsumme der beiden Vielecke im Gradmaß und im Bogenmaß ab!

a) Fünfeck

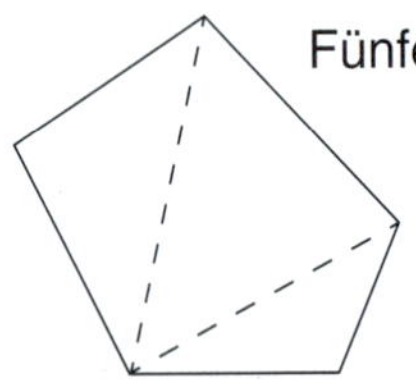

____

b) Sechseck

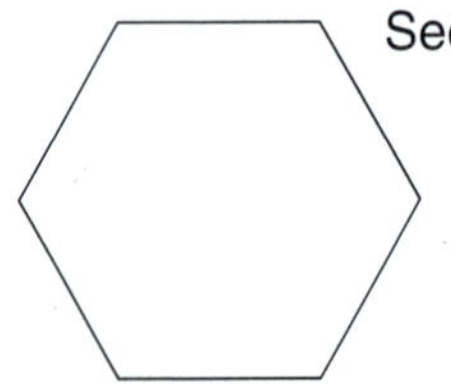

____

Lösungen

10. a) 540° ≙ 3π b) 720° ≙ 4π 6. a) 360° b) 720°

8. a) 444° b) 888° c) –66° d) –555°

7. a) 450° b) 540° c) –270°

9.

Winkelgröße	400°	750°	300°	1000°	–70°	–200°
Hauptwert	40°	30°	300°	280°	290°	160°

Zwischen dem Gradmaß und dem Bogenmaß eines Winkels besteht folgender Zusammenhang:

$\text{arc}\,\alpha = \frac{\pi}{180°} \cdot \alpha$ bzw. $\alpha = \frac{180°}{\pi} \cdot \text{arc}\,\alpha$

11 Ergänze die Angaben! Runde die Ergebnisse auf zwei Dezimalstellen!

α	120°	23°	14,9°	720°	–149°	–355°
arc α						

12 Rechne in das Gradmaß um! Runde die Ergebnisse auf eine Dezimalstelle!

arc α	6,28	0,43	4,29	10,0	–2,26	π
α						

13 Berechne auf vier Dezimalstellen genau!

a) Winkel β, für den arc β = 1 ist.

β = ____________

b) arc 1° = ____________

14 Welchen Winkel legen a) der große Zeiger und b) der kleine Zeiger einer Uhr von 12 bis 17 Uhr des gleichen Tages zurück?

a) Gradmaß: ____________ Bogenmaß: ____________

b) Gradmaß: ____________ Bogenmaß: ____________

15 Der Radius der Erde beträgt etwa 6380 km. Wie groß ist die Entfernung zweier (benachbarter) Breitenkreise auf der Erdoberfläche?

____

Lösungen

13. a) $\beta = 57{,}2958°$ b) arc 1° = 0,0175

11.

α	120°	23°	14,9°	720°	–149°	–355°
arc α	2,09	0,40	0,26	12,6	–2,6	–6,2

14. a) 150°; $\frac{5}{6}\pi = 2{,}62$ b) 1800°; $10\pi = 31{,}4$

15. 111 km (40 000 : 360 oder $\frac{\pi}{180} \cdot r$)

12.

arc α	6,28	0,43	4,29	10,0	–2,26	π
α	359,8°	24,6°	245,8°	573,0°	–129,5°	180°

1 Ermittle x!

α	0°	30°	45°	60°	90°	120°
x = arc α						

Ein Kreis mit dem Radius 1 heißt Einheitskreis. Bewegt sich ein Punkt P auf diesem Kreis, ändern sich die Strecken $\overline{PQ}$ und $\overline{MQ}$ in Abhängigkeit vom Winkel x. Man nennt $\overline{PQ}$ den Sinus und $\overline{MQ}$ den Kosinus von x und schreibt $\overline{PQ} = \sin x$ bzw. $\overline{MQ} = \cos x$.

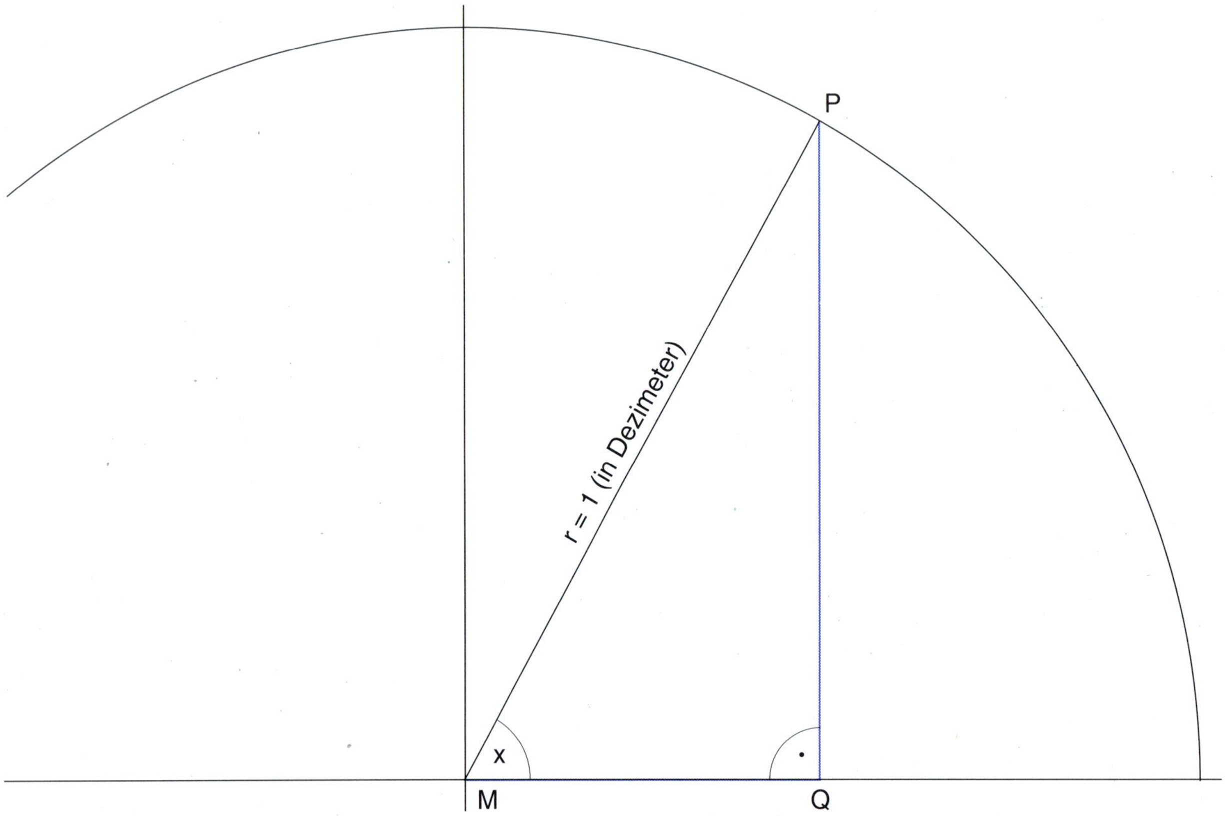

2 Ermittle die fehlenden Werte! Benutze dabei Messwerte!

x	0°	30°	45°	60°	90°	120°
sin x			0,7			
cos x						−0,5

3 Ermittle mit dem Taschenrechner oder einer Zahlentafel auf vier Dezimalstellen!

a) sin 10° ______ b) sin 75° ______ c) sin 105° ______

d) sin 160° ______ e) sin 200° ______ f) sin 300° ______

g) sin 50,5° ______ h) sin 1° ______ i) sin 45° ______

Lösungen

1.

α	0°	30°	45°	60°	90°	120°
x = arc α	0	$\frac{1}{6}\pi$	$\frac{1}{4}\pi$	$\frac{1}{3}\pi$	$\frac{1}{2}\pi$	$\frac{2}{3}\pi$

2.

α	0°	30°	45°	60°	90°	120°
sin x	0	0,5	0,7	0,9	1	0,9
cos x	1	0,9	0,7	0,5	0	−0,5

3. a) 0,1736 b) 0,9659 c) 0,9659 d) 0,3420 e) −0,3420 f) −0,8660

4 Ermittle mit dem Taschenrechner oder einer Zahlentafel auf vier Dezimalstellen!

a) cos 10° ______ b) cos 75° ______ c) cos 105° ______

d) cos 160° ______ e) cos 200° ______ f) cos 300° ______

g) cos 50,5° ______ h) cos 89° ______ i) cos 45° ______

5 Berechne die gesuchten Werte! Nutze den Satz des Pythagoras!

a)

b)

sin 30° = ______

sin 45° = ______

cos 45° = ______

6 In die Abbildung sind vier Winkel eingetragen, deren Sinuswerte den gleichen absoluten Betrag haben. Gib die Größe von β, γ und δ an!

a) $\alpha = 40°$

b) $\alpha = 70°$

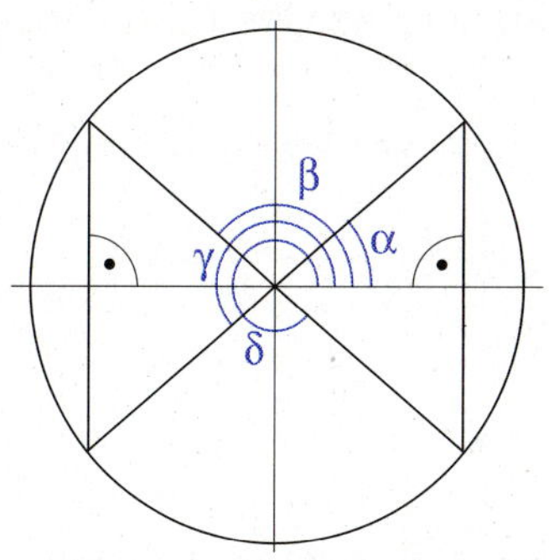

α	β	γ	δ
40°			
70°			

7 Ergänze die fehlenden Angaben!

a) Der Sinus ist positiv im I. und ____ Quadranten.

b) Der Kosinus ist positiv im ____ und ____ Quadranten.

8 Gib jeweils einen weiteren Winkel an, der den gleichen Funktionswert hat!

a) sin 35° = sin ______ b) sin 76° = sin ______

c) sin 108° = sin ______ d) sin 160° = sin ______

Lösungen

4 a) 0,9848 b) 0,2588 c) −0,2588 d) −0,9397 e) −0,9397 f) 0,5 g) 0,6361 h) 0,0175 i) 0,7071

5. a) $\sin 30° = \frac{1}{2}$ b) $\sin 45° = \cos 45° = \frac{1}{2}\sqrt{2}$ (oder $\sqrt{\frac{1}{2}}$)

6.

α	β	γ	δ
40°	140°	220°	320°
70°	110°	250°	290°

7 a) II. Quadrant b) I. und IV. Quadrant

8. z.B. a) 145° b) 104° c) 72° d) 20°

Die Funktion mit der Gleichung $y = \sin x$ heißt Sinusfunktion.
Die Funktion mit der Gleichung $y = \cos x$ heißt Kosinusfunktion.

Definitionsbereich für beide Funktionen ist die Menge der reellen Zahlen.
Für grafischen Darstellungen wird x gewöhnlich im Bogenmaß angegeben.

1 Die Abbildung zeigt den Graph der Funktion $y = \sin x$.

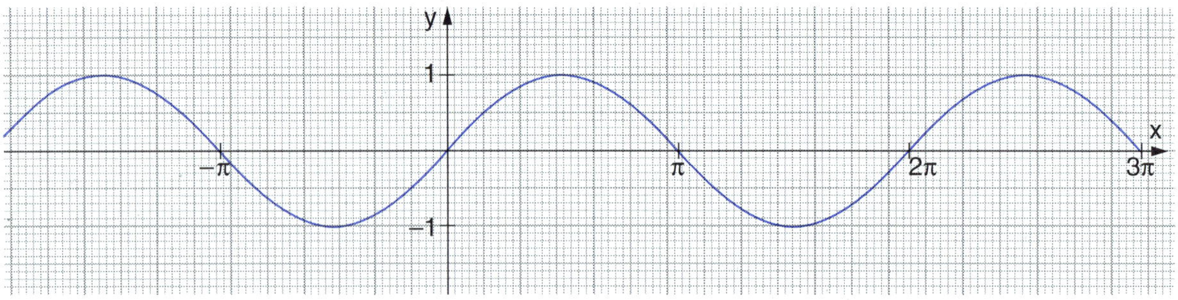

Ergänze folgende Angaben zu dieser Funktion!

a) Ihr Wertebereich ist ________________

b) Zwischen $-2{,}5\pi$ und $5{,}5\pi$ hat sie folgende Nullstellen: ________________

c) Ihre kleinste Periode ist ________________

d) Für folgende Werte von x von -2π bis 3π ist jeweils $y = 1$ ________________

2 a) Stelle eine Wertetabelle für die Funktion $y = \cos x$ auf!

x	
y	

b) Trage den Graph der Funktion $y = \cos x$ in das Koordinatensystem bei Aufgabe 1 ein!

3 Ergänze die folgenden Angaben für die Kosinusfunktion!

a) Wertebereich: ________________

b) Nullstellen: ________________

c) Kleinste Periode: ________________

d) x-Werte, für die $y = 1$ ist: ________________

4 Eine Funktion wird wie folgt beschrieben:
Jeder natürlichen Zahl x wird die Endziffer ihres Quadrates zugeordnet, z. B. der Zahl $x = 7$ der Funktionswert $y = 9$, da $7^2 = 4\underline{9}$ ist.

a) Gib den Wertebereich dieser Funktion an!

____

b) Gib die kleinste Periode dieser Funktion an! ________________

Lösungen

1. a) $-1 \le y \le 1$ b) $-2\pi; -\pi; 0; \pi; 2\pi; 3\pi; 4\pi; 5\pi$
   c) 2π d) $-\frac{3}{2}\pi; \frac{1}{2}\pi; \frac{5}{2}\pi$
2. b)

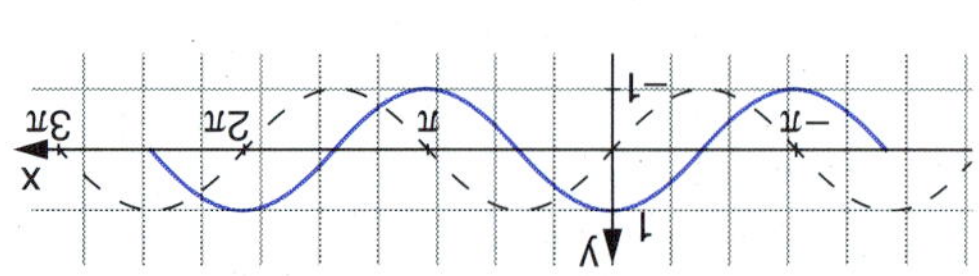

3. a) $-1 \le y \le 1$ b) $-\frac{3}{2}\pi; -\frac{1}{2}\pi; \frac{1}{2}\pi; \frac{3}{2}\pi; \frac{5}{2}\pi; \frac{7}{2}\pi; \frac{9}{2}\pi$
   c) 2π d) $-2\pi; 0; 2\pi$
4. a) $y \in \{0; 1; 4; 5; 6; 9\}$
   b) 10

5 Gib jeweils zwei Winkel zwischen 0° und 360°, die die folgenden Funktionswerte haben!

a) $\sin\alpha = 0{,}5$; α_1 = ________; α_2 = ________

b) $\sin\alpha = 0{,}7$; α_1 = ________; α_2 = ________

c) $\sin\alpha = 0{,}9178$; α_1 = ________; α_2 = ________

d) $\sin\alpha = -0{,}5$; α_1 = ________; α_2 = ________

6 Nenne im Bogenmaß fünf Winkel, für die $\sin x = 0{,}866$ ist!

____

____

7 Gib jeweils zwei Winkel zwischen 0° und 360° an, die die folgenden Funktionswerte haben!

a) $\cos\beta = 0{,}5$; β_1 = ________; β_2 = ________

b) $\cos\beta = 0{,}7$; β_1 = ________; β_2 = ________

c) $\cos\beta = 0{,}9178$; β_1 = ________; β_2 = ________

d) $\cos\beta = -0{,}5$; β_1 = ________; β_2 = ________

8 Setze in die Kästchen Winkel zwischen 0° und 180° ein, sodass wahre Aussagen entstehen!

a) $\sin 73° = \sin$ ☐ $= \cos$ ☐

b) $\sin 140° = \sin$ ☐ $= \cos$ ☐

9 Die Abbildung zeigt den Graph der Funktion $y = \tan x = \frac{\sin x}{\cos x}$

a) Welchen Wertebereich hat diese Funktion?

____

b) Gib ihre kleinste Periode an!

____

c) Für welche Werte x von $-\pi$ bis 2π ist sie nicht definiert?

____

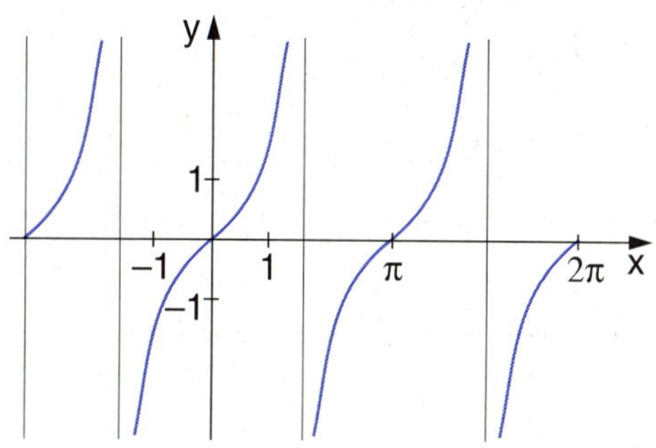

Lösungen

9. a) $\mathbb{R}$ b) π c) $-\frac{1}{2}\pi$; $\frac{1}{2}\pi$; $\frac{3}{2}\pi$

6. z.B. $-\frac{5}{3}\pi$; $\frac{1}{3}\pi$; $\frac{2}{3}\pi$; $\frac{7}{3}\pi$; $\frac{8}{3}\pi$

8. a) $\sin 107° = \cos 17°$ b) $\sin 40° = \cos 50°$

5. a) 30°; 150° b) 44,4°; 135,6° c) 66,6°; 113,4° d) 210°; 330°

7. a) 60°; 330° b) 45,6°; 314,4° c) 23,4°; 336,6° d) 120°; 240°

Der Faktor a in der Gleichung $y = a \cdot \sin x$ bewirkt für $0 < a < 1$ eine Stauchung und für $a > 1$ eine Streckung des Graphen von $y = \sin x$.

1

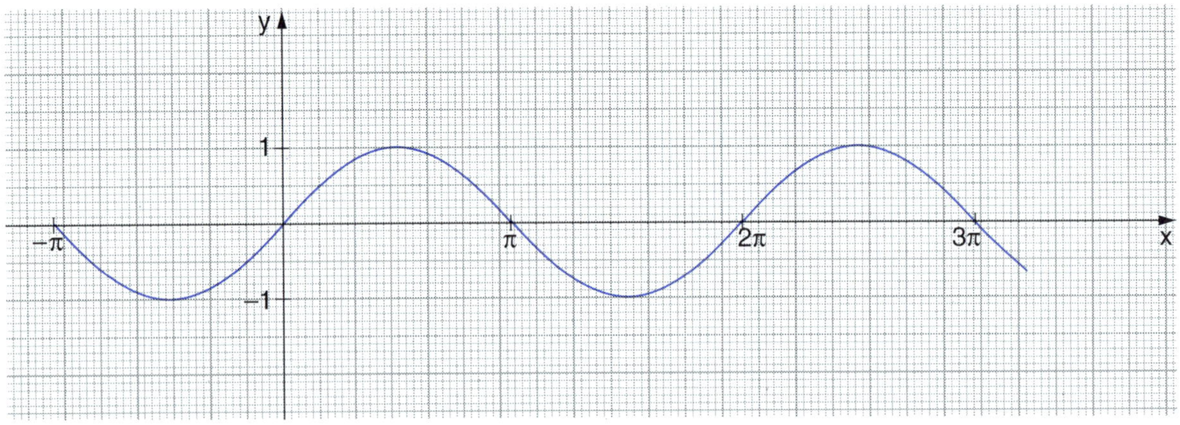

Die Abbildung zeigt den Graph der Funktion $y = \sin x$.

a) Ergänze die in der Tabelle fehlenden Werte!

x	0	$\frac{1}{6}\pi$	$\frac{1}{4}\pi$	$\frac{1}{3}\pi$	$\frac{1}{2}\pi$	$\frac{2}{3}\pi$	π
sin x	0	0,50	0,71	0,87	1,0	0,87	0
2 sin x							
$\frac{1}{4}$ sin x							

b) Trage die Graphen der Funktionen f_1 und f_2 in das obige Koordinatensystem ein!
f_1: $y = 2 \sin x$; f_2: $y = \frac{1}{4} \sin x$

c) Ergänze die Angaben in der Tabelle!

	$y = 2 \sin x$	$y = \frac{1}{4} \sin x$
Definitionsbereich		
Wertebereich		
kleinste Periode		

2 Eine Funktion mit der Gleichung $y = a \cdot \sin x$ hat den Wertebereich $-4 \leq y \leq 4$. Gib ihre Gleichung an!

3 Sonja soll die Funktion mit der Gleichung $y = 4 \cdot \sin x$ darstellen. Sie benutzt die Schablone, mit der sie sonst $y = \sin x$ zeichnet. Wie geht das zu?

4 Eine Funktion mit der Gleichung $y = a \cdot \sin x$ hat an der Stelle $\frac{\pi}{4}$ den Funktionswert 2,1213. Gib ihre Gleichung an!

Lösungen

1. a)

x	0	$\frac{1}{6}\pi$	$\frac{1}{4}\pi$	$\frac{1}{3}\pi$	$\frac{1}{2}\pi$	$\frac{2}{3}\pi$	π
2 sin x	0	1	1,4	1,7	2	1,7	0
$\frac{1}{4}$ sin x	0	0,125	0,18	0,22	0,25	0,22	0

b)

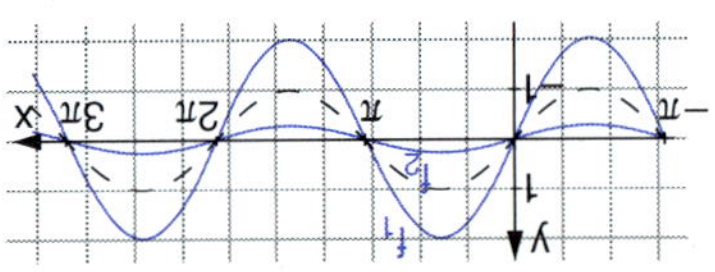

c) Def.-Bereich für beide: $\mathbb{R}$
Wertebereich:
$-2 \leq y \leq 2$ bzw. $-\frac{1}{4} \leq y \leq \frac{1}{4}$
kl. Periode für beide: 2π

2. $y = 4 \sin x$

3. Sie ändert die Einteilung auf der y-Achse und setzt 4 dahin, wo sonst 1 steht.

4. $y = 3 \sin x$

1 Gib den größten und den kleinsten der folgenden Funktionswerte an!
$\sin 70°$; $\sin 120°$; $\cos 40°$; $\cos 130°$; $\sin 190°$

größter Funktionswert: ____________________

kleinster Funktionswert: ____________________

2 Ermittle die gesuchten Größen!

a) $\sin\alpha$ = ____________________

b) α = ____________________

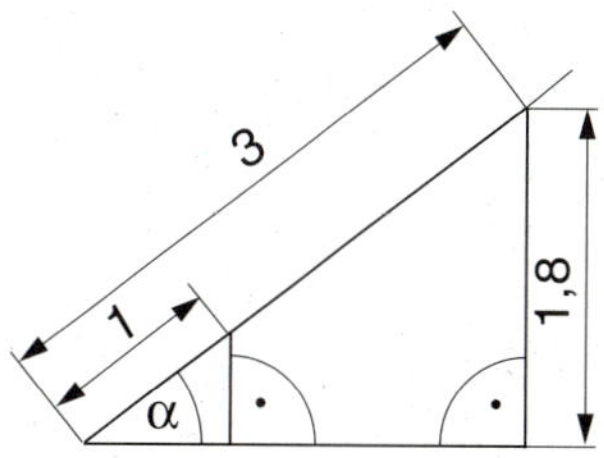

3 Trage die richtigen Winkelgrößen in die Kästchen ein!

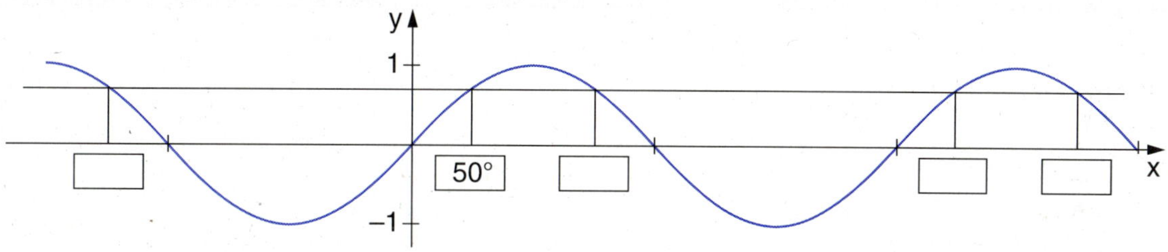

4 Gegeben ist die Funktion $y = -\sin x$.
Zeichne den Graph dieser Funktion! Ermittle gegebenenfalls die fehlenden Werte in der Tabelle und benutze sie dann!

x	0	$\frac{\pi}{6}$	$\frac{\pi}{2}$	$\frac{5}{6}\pi$	π	$\frac{3}{2}\pi$
sin x	0	0,5	1	0,5	0	−1
−sin x						

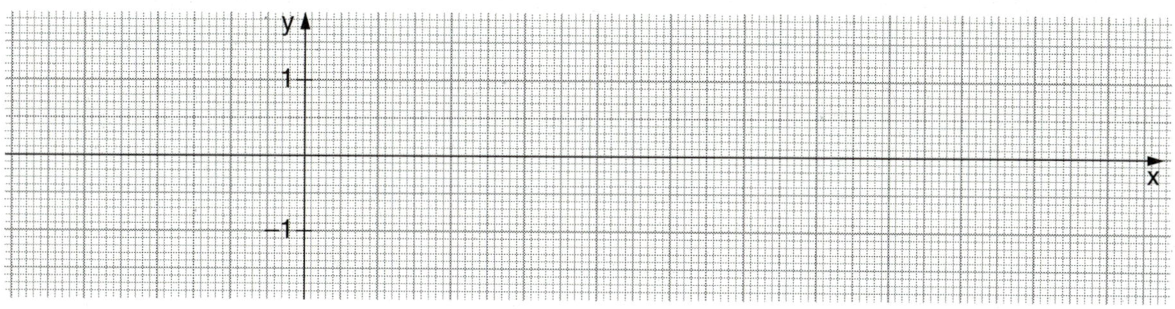

Lösungen

1. größter Wert: $\sin 70°$ (0,9397); kleinster Wert: $\cos 130°$ (−0,6428)
2. $\sin\alpha = 0{,}6$ (Strahlensatz); $\alpha = 36{,}9°$
3. −230°; 130°; 410°; 490°
4. In der Tabelle stehen jeweils die entgegengesetzten Zahlen zu sin x. Der Graph von $y = \sin x$ wird einfach an der x-Achse gespiegelt.

1 Ermittle jeweils die Größen der Winkel!

a)

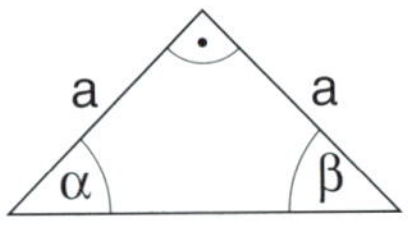

α = ______ ; β = ______

b)

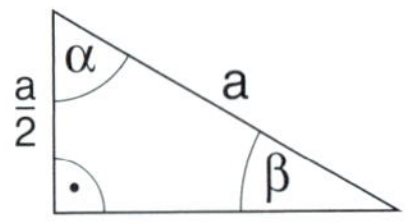

α = ______ ; β = ______

c)

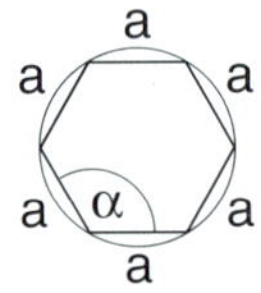

α = ______

Das Verhältnis der Gegenkathete eines Winkels und der Hypotenuse wird als Sinus des Winkels bezeichnet.
Entsprechend heißt das Verhältnis von Ankathete und Hypotenuse der Kosinus des Winkels und das Verhältnis von Gegenkathete und Ankathete der Tangens des Winkels.

z.B. $\sin\alpha = \frac{a}{c}$; $\cos\alpha = \frac{b}{c}$ $\tan\alpha = \frac{a}{b}$

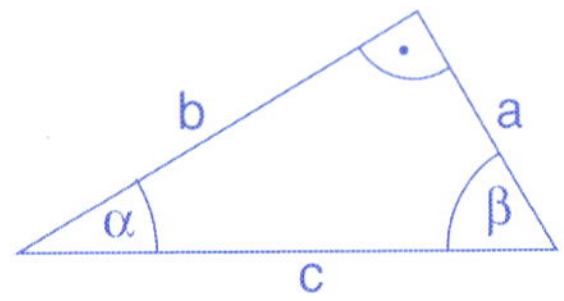

2 Gib die Seitenverhältnisse an!

a)

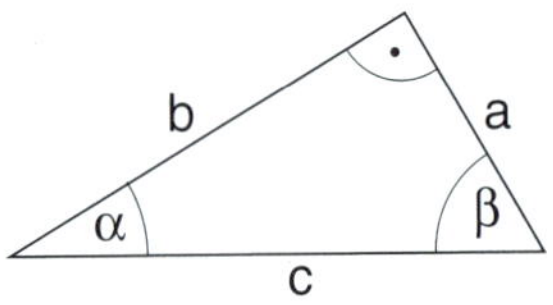

$\sin\beta = \frac{\quad}{\quad}$; $\cos\beta = \frac{\quad}{\quad}$;

$\tan\beta = \frac{\quad}{\quad}$

b)

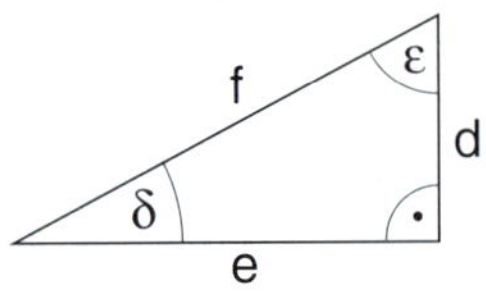

$\sin\delta = \frac{\quad}{\quad}$; $\tan\delta = \frac{\quad}{\quad}$

$\cos\varepsilon = \frac{\quad}{\quad}$; $\sin\varepsilon = \frac{\quad}{\quad}$

3 Gib die entsprechenden Winkelfunktionen an!

a)

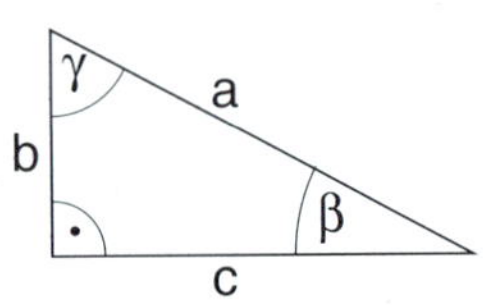

$\frac{b}{a}$ = __________ = __________

b)

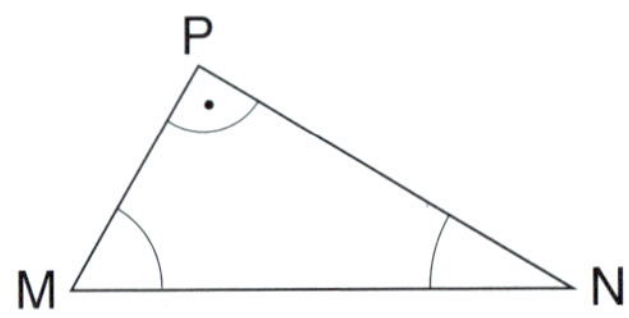

$\frac{\overline{MP}}{\overline{MN}}$ = ______ ∢MNP = ______ ∢PMN

$\frac{\overline{PN}}{\overline{MN}}$ = ______ ∢MNP = ______ ∢PMN

4 Ermittle die Funktionswerte!

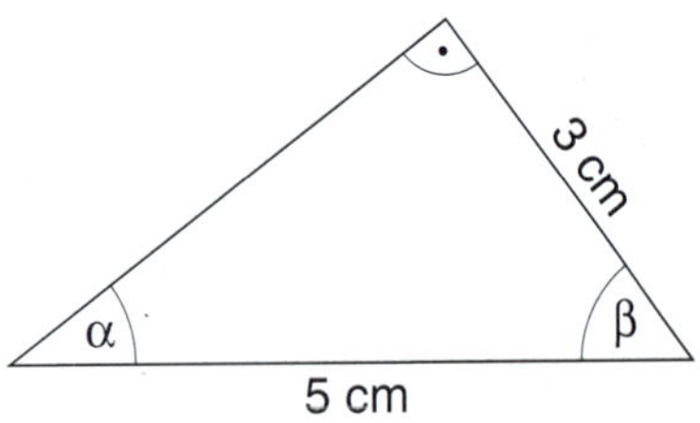

$\sin\alpha$ = ________ ; $\cos\beta$ = ________

$\sin\beta$ = ________ ; $\tan\alpha$ = ________

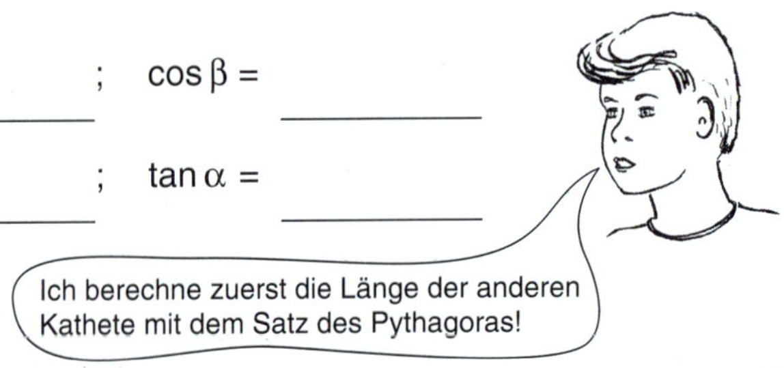

Lösungen

3. a) $\frac{b}{a} = \sin\beta = \cos\gamma$ b) $\frac{\overline{MP}}{\overline{MN}}$ = sin∢MNP = cos ∢PMN; $\frac{\overline{PN}}{\overline{MN}}$ = cos ∢MNP = sin∢PMN
1. a) $\alpha = \beta = 45°$ b) $\alpha = 60°$; $\beta = 30°$ c) $\alpha = 120° = 2 \cdot 60°$
4. $\sin\alpha = \frac{3}{5} = 0{,}6$; $\cos\beta = \frac{3}{5} = 0{,}6$; $\sin\beta = \frac{4}{5} = 0{,}8$; $\tan\alpha = \frac{3}{4} = 0{,}75$
2. a) $\sin\beta = \frac{b}{c}$; $\cos\beta = \frac{a}{c}$; $\tan\beta = \frac{b}{a}$ b) $\sin\delta = \frac{d}{f}$; $\tan\delta = \frac{d}{e}$; $\cos\varepsilon = \frac{d}{f}$; $\sin\varepsilon = \frac{e}{f}$

5 Ergänze!

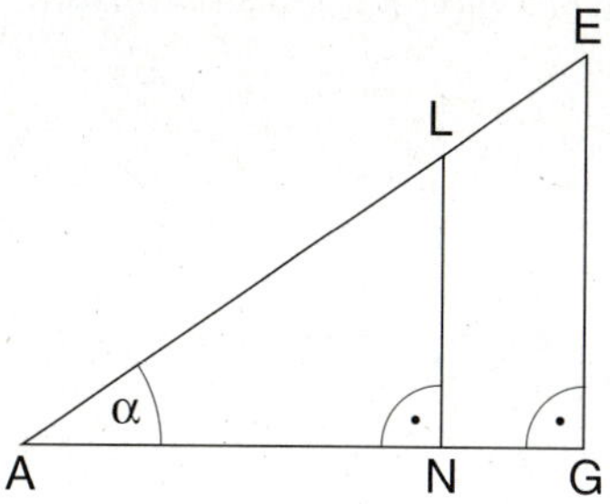

a) $\sin\alpha =$ ______ $=$ ______

b) $\cos\alpha =$ ______ $=$ ______

c) $\tan\alpha =$ ______ $=$ ______

d) $\cos\alpha =$ ______ $= \frac{\overline{NG}}{\overline{LE}}$

6 Stelle jeweils nach der angegebenen Größe um!

a) $\sin\alpha = \frac{a}{c}$; $a =$ ______

b) $\cos\alpha = \frac{b}{c}$; $c =$ ______

c) $\overline{AB} \cdot \sin\alpha = \overline{BC}$; $\sin\alpha =$ ______

d) $\overline{MA} = \overline{ST} \cdot \tan\alpha$; $\tan\alpha =$ ______

7 Stelle jeweils eine Gleichung zwischen den drei Größen auf (siehe Abbildung)!

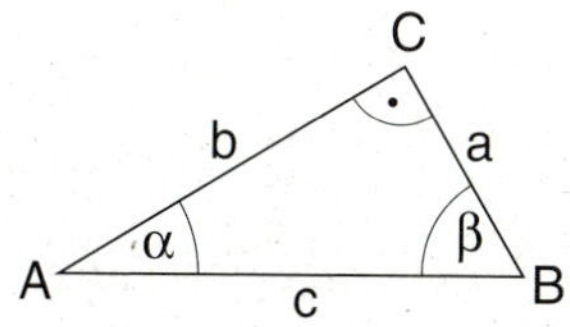

a) geg.: b, c ges.: α Gleichung: ______

b) geg.: a, b ges.: β Gleichung: ______

c) geg.: c, β ges.: b Gleichung: ______

d) geg.: a, c ges.: b Gleichung: ______

8 Ergänze!

a)

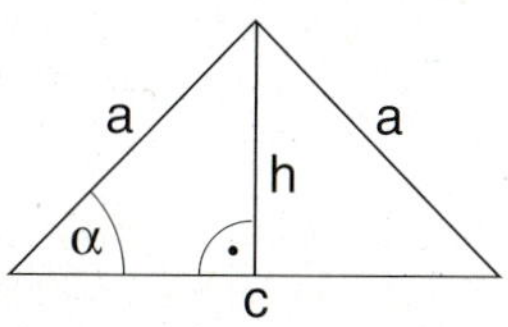

$\sin\alpha =$ ______

$\cos\alpha =$ ______

b)

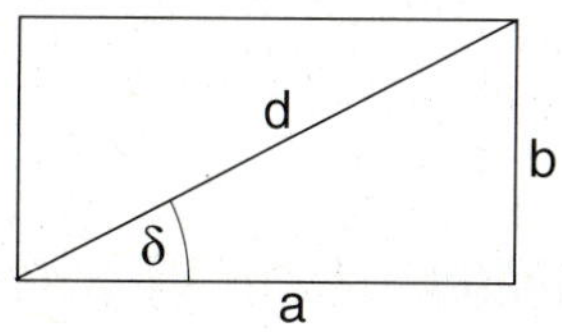

$\cos\delta =$ ______

$\tan\delta =$ ______

c)

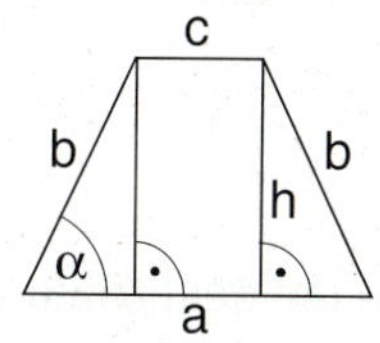

$\sin\alpha =$ ______

$\cos\alpha =$ ______

9 Ergänze die fehlenden Stellen der folgenden Herleitung!

$a^2 + b^2 = \square$ nach Pythagoras $|: c^2$

$\frac{a^2 + \square}{\square} = \square$

$(\frac{a}{c})^2 + \square = \square$

$\sin^2\alpha + \square = 1$

Lösungen

5. a) $\sin\alpha = \frac{\overline{LN}}{\overline{AL}} = \frac{\overline{EG}}{\overline{AE}}$ b) $\cos\alpha = \frac{\overline{AN}}{\overline{AL}} = \frac{\overline{AG}}{\overline{AE}}$ c) $\tan\alpha = \frac{\overline{LN}}{\overline{AN}} = \frac{\overline{EG}}{\overline{AG}}$ d) $\cos\alpha = \frac{\overline{NG}}{\overline{LE}}$

6. a) $a = c \cdot \sin\alpha$ b) $c = b : \cos\alpha$ c) $\sin\alpha = \overline{BC} : \overline{AB}$ d) $\tan\alpha = \overline{MA} : \overline{ST}$

7. a) $\cos\alpha = b : c$ b) $\tan\beta = b : a$ c) $\sin\beta = b : c$ d) $b^2 = c^2 - a^2$

8. a) $\sin\alpha = \frac{h}{a}$; $\cos\alpha = \frac{0,5c}{a}$ b) $\cos\delta = \frac{a}{d}$; $\tan\delta = \frac{b}{a}$ c) $\sin\alpha = \frac{h}{b}$; $\cos\alpha = \frac{\frac{a-c}{2}}{b}$

9. $a^2 + b^2 = c^2 \rightarrow \frac{a^2 + b^2}{c^2} = 1 \rightarrow (\frac{a}{c})^2 + (\frac{b}{c})^2 = 1 \rightarrow (\sin\alpha)^2 + (\cos\alpha)^2 = 1 \rightarrow \sin^2\alpha + \cos^2\alpha = 1$

1 Berechne jeweils die gesuchten Größen!

a)

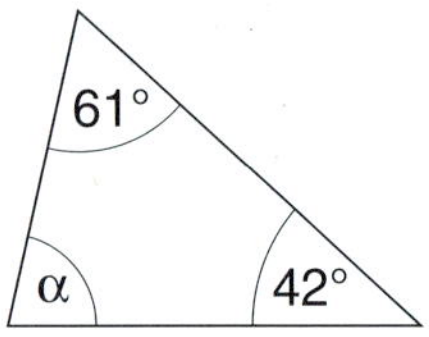

$\alpha =$ ________

b)

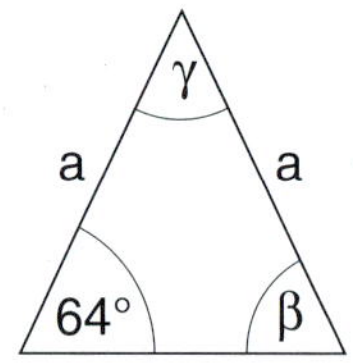

$\beta =$ ________; $\gamma =$ ________

c)

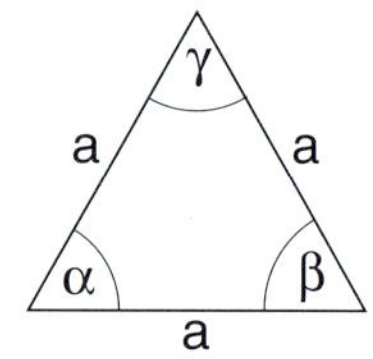

$\alpha =$ ________; $\beta =$ ________; $\gamma =$ ________

2 Ermittle auf drei Dezimalstellen genau!

a) $\sin 82° =$ ____________ b) $\sin 145° =$ ____________

c) $\sin 12{,}6° =$ ____________ d) $\sin 26° =$ ____________

3 Berechne! Runde die Ergebnisse auf eine Dezimalstelle!

a) $12{,}7\text{ cm} \cdot \sin 35° =$ ________________ b) $\sin 78° \cdot 3{,}8\text{ cm} =$ ________________

c) $9{,}4\text{ cm} \cdot \sin 23{,}2° =$ ________________ d) $12{,}7\text{ cm} \cdot \sin 145° =$ ________________

4 Ermittle alle Winkel zwischen 0° und 90°, für die Folgendes gilt:

a) $\sin\alpha = 0{,}734$ b) $\sin\beta = 0{,}444$ c) $\sin\gamma = 0{,}042$

$\alpha =$ ____________ $\beta =$ ____________ $\gamma =$ ____________

d) $\sin\delta = 1{,}284$ e) $\sin\varepsilon = -0{,}345$ f) $\sin\varphi = \frac{1}{2}\sqrt{2}$

$\delta =$ ____________ $\varepsilon =$ ____________ $\varphi =$ ____________

5 Berechne die gesuchten Winkelgrößen!

a)

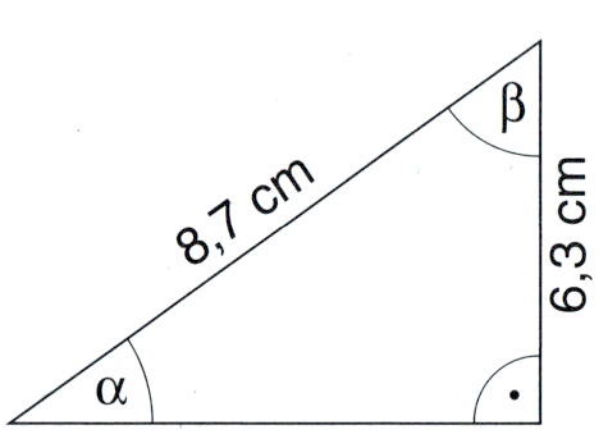

$\alpha =$ ________; $\beta =$ ________

b)

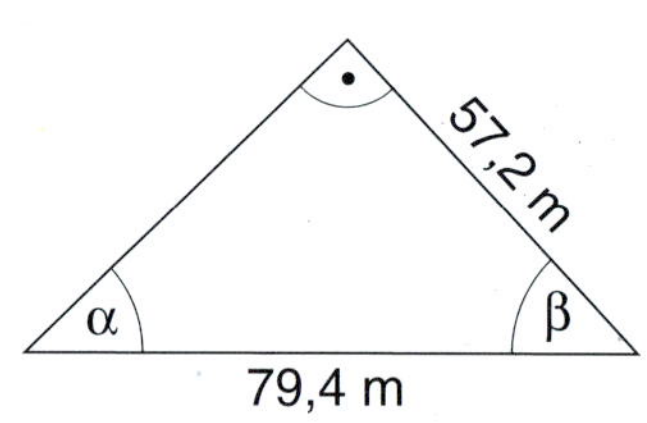

$\alpha =$ ________; $\beta =$ ________

c) Wie groß ist der Winkel β?

____

____

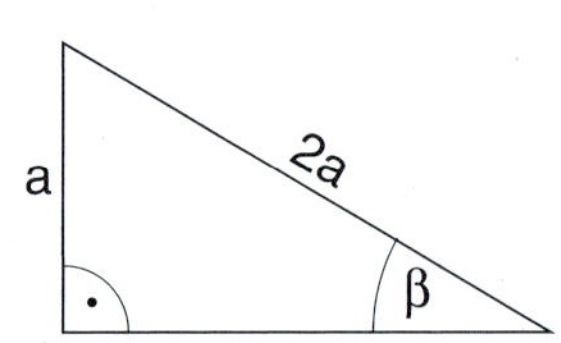

Lösungen

3. a) 7,3 cm b) 3,7 cm c) 3,7 cm d) 7,3 cm
5. a) $\alpha = 46{,}4°$; $\beta = 43{,}6°$ b) $\alpha = 46{,}1°$; $\beta = 43{,}9°$ c) 30°
2. a) 0,990 b) 0,574 c) 0,218 d) 0,438
1. a) $\alpha = 77°$ b) $\beta = 64°$; $\gamma = 52°$ c) $\alpha = \beta = \gamma = 60°$
4. a) $\alpha = 47{,}2°$ b) $\beta = 26{,}4°$ c) $\gamma = 2{,}4°$ d) – e) – f) $\varphi = 45°$

6 Berechne jeweils die gesuchten Winkelgrößen!

a)

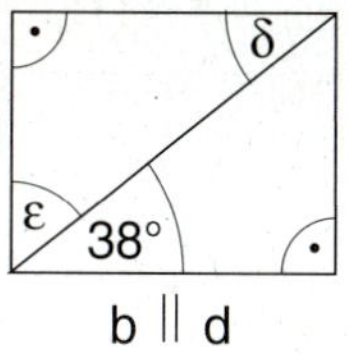

δ = ________

ε = ________

b)

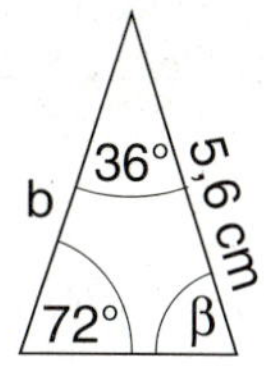

β = ________

b = ________

c)

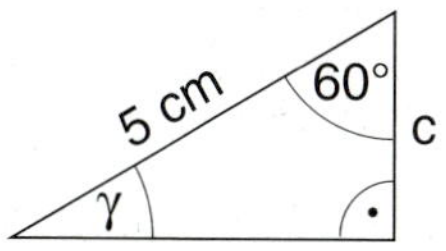

c = ________

γ = ________

d)

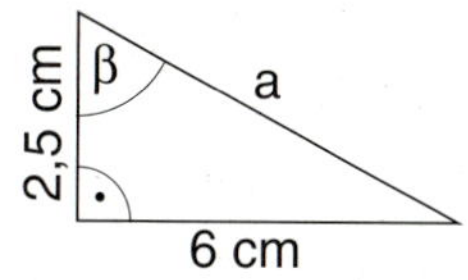

a = ________

β = ________

7 Ermittle die Funktionswerte! Runde auf drei Dezimalstellen!

a) $\cos 57{,}1° =$ ________ b) $\cos 69{,}8° =$ ________ c) $\cos 47{,}3° =$ ________

8 Ermittle alle Winkel α mit $0° < \alpha < 90°$! Runde auf eine Dezimalstelle!

a) $\cos\alpha = 0{,}5555$ $\alpha =$ ________

b) $\cos\alpha = 0{,}8989$ $\alpha =$ ________

c) $\cos\alpha = 0{,}7777$ $\alpha =$ ________

9 Berechne auf eine Dezimalstelle genau!

a) $6{,}4\text{ cm} \cdot \cos 64° =$ ________ b) $38\text{ cm} \cdot \cos 38° =$ ________

c) $\cos 19{,}7° \cdot 3{,}5\text{ cm} =$ ________ d) $8{,}5\text{ cm} \cdot \cos 90° =$ ________

10 Berechne jeweils die gesuchten Größen!

a)

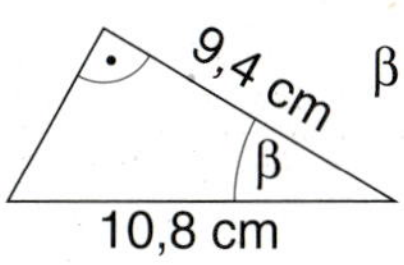

β = ________

b)

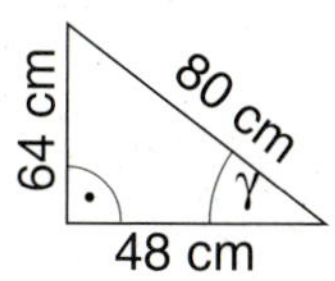

γ = ________

c)

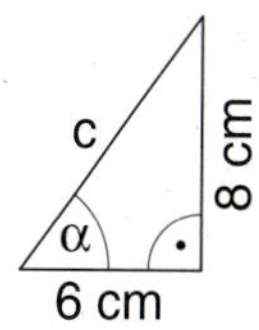

c = ________

α = ________

Lösungen

7. a) 0,543 b) 0,345 c) 0,678 9. a) 2,8 cm b) 29,9 cm c) 3,3 cm d) 0

6. a) δ = 38°; ε = 52° b) β = 72°; b = 5,6 cm c) c = 2,5 cm; γ = 30° d) a = 6,5 cm; β = 67,4°

10. a) β = 29,5° b) γ = 53,1° c) c = 10 cm; α = 53,1°

8. a) α = 56,3° b) α = 26,0° c) α = 38,9°

11 Ermittle auf drei Dezimalstellen genau!

a) $\tan 75° =$ ______ b) $\tan 20{,}4° =$ ______

c) $\tan 43° =$ ______ d) $\tan 21{,}75° =$ ______

12 Ermittle die zu den Funktionswerten gehörenden spitzen Winkel!

a) $\tan\alpha = 0{,}123;\ \alpha =$ ______ b) $\tan\beta = 1{,}23;\ \beta =$ ______

c) $\tan\gamma = 0{,}321;\ \gamma =$ ______ d) $\tan\delta = 3{,}21;\ \delta =$ ______

13 Ermittle die Winkel zwischen 0° und 90°, für die gilt:

a) $\tan\alpha = \sqrt{3};\ \alpha =$ ______ b) $\tan\beta = \frac{1}{3}\sqrt{3};\ \beta =$ ______

c) $\frac{1}{3}\tan\gamma = \sqrt{3};\ \gamma =$ ______ d) $3\tan\delta = \sqrt{3};\ \delta =$ ______

14 Berechne die gesuchten Größen!

a)

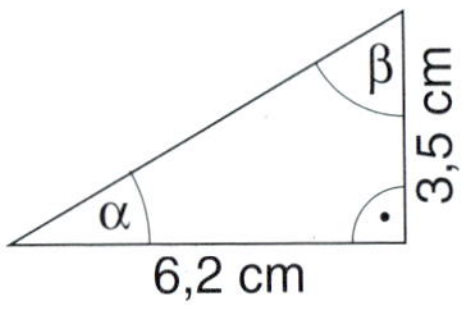

$\alpha =$ ______

$\beta =$ ______

b)

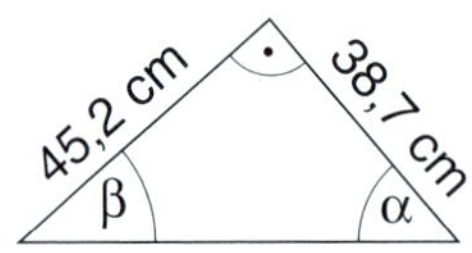

$\alpha =$ ______

$\beta =$ ______

15 Ordne nach ihrer Größe!

a) $\sin 37°$ ______ ; $\cos 37°$ ______ ; $\tan 37°$ ______

______

b) $\sin 78°$ ______ ; $\cos 78°$ ______ ; $\tan 78°$ ______

______

16 Ermittle auf drei Dezimalstellen genau die Differenz von

a) $\sin 42°$ und $\tan 42°$ b) $\sin 4{,}2°$ und $\tan 4{,}2°$

______ ______

Die Differenz beträgt: ______ Die Differenz beträgt: ______

Lösungen

13. a) $\alpha = 60°$ b) $\beta = 30°$ c) $\gamma = 79{,}1°$ d) $\delta = 30°$
12. a) $\alpha = 7{,}0°$ b) $\beta = 50{,}9°$ c) $\gamma = 17{,}8°$ d) $\delta = 72{,}7°$
15. a) $\sin 37°\ (0{,}60) < \tan 37°\ (0{,}75) < \cos 37°\ (0{,}80)$
b) $\cos 78°\ (0{,}21) < \sin 78°\ (0{,}98) < \tan 78°\ (4{,}70)$

11. a) 3,732 b) 0,372 c) 0,933 d) 0,399
16. a) $0{,}900 - 0{,}669 = 0{,}231$ b) $0{,}073 - 0{,}073 = 0$
14. a) $\alpha = 29{,}4°;\ \beta = 60{,}6°$ b) $\alpha = 49{,}4°;\ \beta = 40{,}6°$

17 Ergänze entsprechend der Abbildung!

a) $\cos\alpha =$ ______ ; $\tan\beta =$ ______

b) $\frac{a}{b} =$ ______ ; $\frac{a}{c} =$ ______

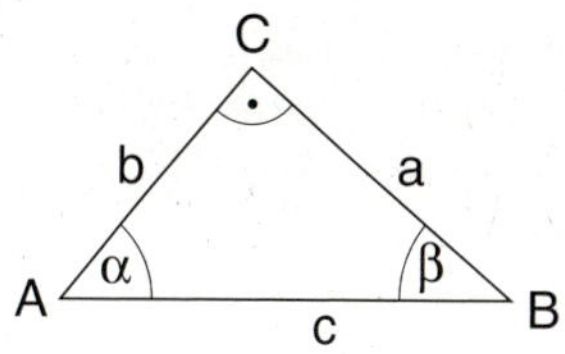

18 Berechne die Innenwinkel eines rechtwinkligen Dreiecks ABC mit

a) a = 15 cm; b = 20 cm; c = 25 cm

$\alpha =$ ______ ; $\beta =$ ______ ; $\gamma =$ ______

b) a = 19 cm; b = 25 cm; c = 16,25 cm

$\alpha =$ ______ ; $\beta =$ ______ ; $\gamma =$ ______

19 Berechne jeweils die gesuchten Größen!

a)

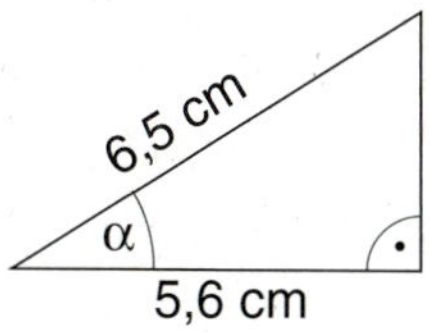

$\alpha =$ ______

b)

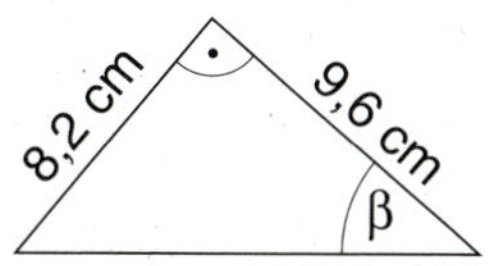

$\beta =$ ______

c)

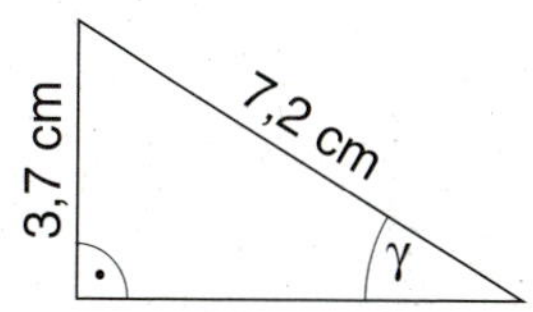

$\gamma =$ ______

20 Stelle die Formeln nach der angegebenen Größe um!

a) $\sin\alpha = \frac{a}{c}$; a = ______

b) $\tan\beta = \frac{b}{a}$; a = ______

21 Berechne jeweils x auf eine Dezimalstelle genau!

a)

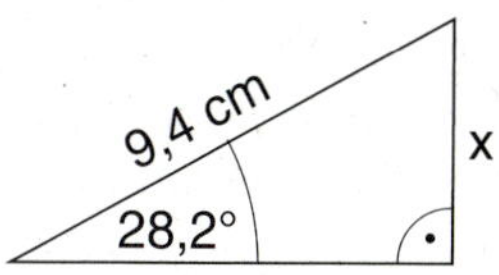

x = ______

b)

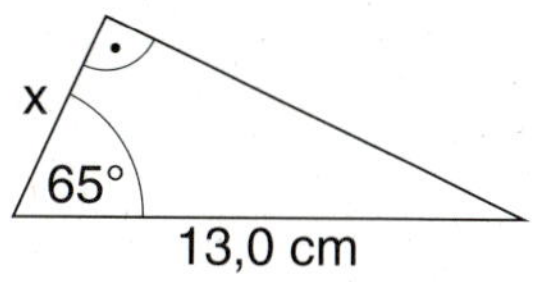

x = ______

c)

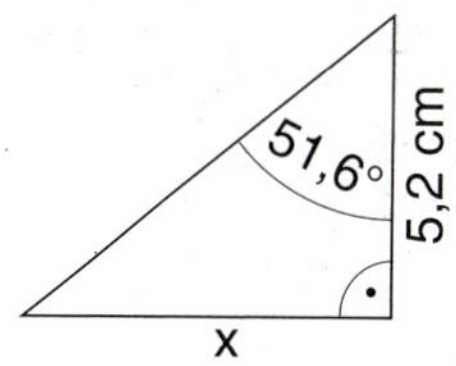

x = ______

22 Berechne die fehlenden Größen eines Dreiecks ABC!

a = 40,0 cm; b = 9,0 cm; c = ______ ; $\alpha =$ ______ ; $\beta =$ ______ ; $\gamma = 90°$

Lösungen

20. a) $a = c \cdot \sin\alpha$ b) a =

19. a) $\alpha = 30{,}5°$ b) $\beta = 40{,}5°$ c) $\gamma = 30{,}9°$

18. a) $\alpha = 36{,}9°$; $\beta = 53{,}1°$; $\gamma = 90°$
    b) $\alpha = 49{,}5°$; $\beta = 90°$; $\gamma = 40{,}5°$

22. c = 41 cm; $\alpha = 77{,}3°$; $\beta = 12{,}7°$

21. a) x = 4,4 cm b) x = 5,5 cm c) x = 6,6 cm

17. a) $\cos\alpha = \frac{b}{c}$ b) $\tan\beta = \frac{b}{a}$
    c) $\frac{a}{b} = \tan\alpha$ d) $\frac{a}{c} = \sin\alpha = \cos\beta$

23 Löse folgende Aufgabe!
Gegeben ist ein Dreieck ABC mit üblicher Bezeichnung.

Bekannt sind:
$a = 5$ cm
$b = 12$ cm
$\gamma = 90°$

Gesucht sind:
c = ______
α = ______
β = ______

24 Von einem rechtwinkligen Dreieck ABC sind gegeben:
$a = 6{,}8$ cm; $\beta = 29{,}4°$ und $\gamma = 90°$
Berechne die Seite c, die Höhe h_c und den Flächeninhalt A dieses Dreiecks!

c = ______
h_c = ______
A = ______

25 Die Abbildung zeigt den Teil einer Treppe. Die Tiefe einer Stufe beträgt b = 30 cm. Die Höhe einer Stufe beträgt b = 10 cm.
Wie groß ist der Anstiegswinkel α dieser Treppe?

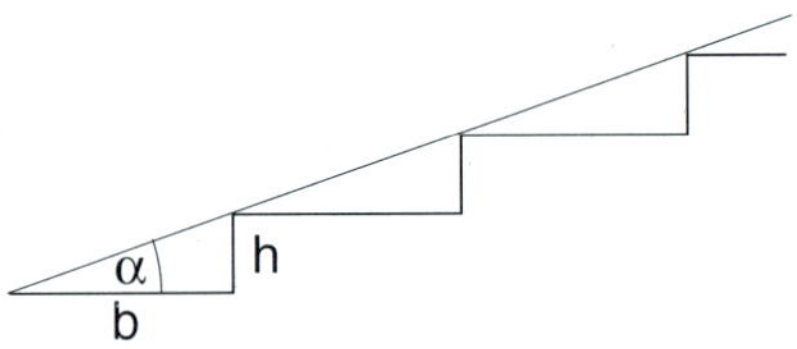

______

α = ______

26 Um einen Höhenunterschied von 2,0 m zu überwinden soll eine Rampe gebaut werden.
Wie groß ist die Länge l dieser Rampe, wenn folgende zwei Anstiegswinkel gewählt werden?

a) $\alpha_1 = 15°$ ______ l_1 = ______

b) $\alpha_2 = 10°$ ______ l_2 = ______

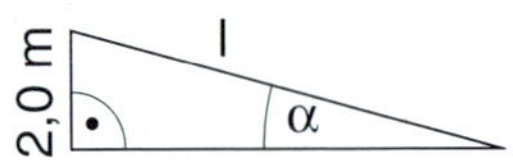

27 Berechne die Größe des Winkels β!

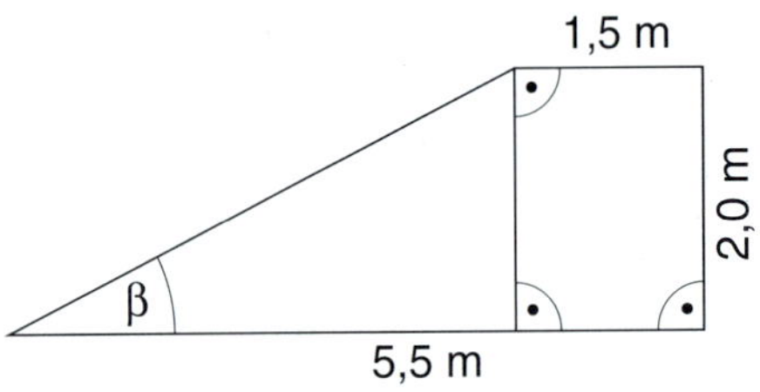

Lösungen

27. $\beta = 26{,}6°$
25. $\alpha = 18°$ (18,4°)
24. $c = 7{,}8$ cm; $h = 3{,}3$ cm; $A = 13$ cm² (12,9 cm²)
26. a) $l = 7{,}7$ m b) $l = 11{,}5$ m
23. $c = 13$ cm; $\alpha = 22{,}6°$; $\beta = 67{,}4°$

28 Von einem gleichschenkligen Dreieck ABC seien a und α bekannt. Es sei $\alpha = 65°$.

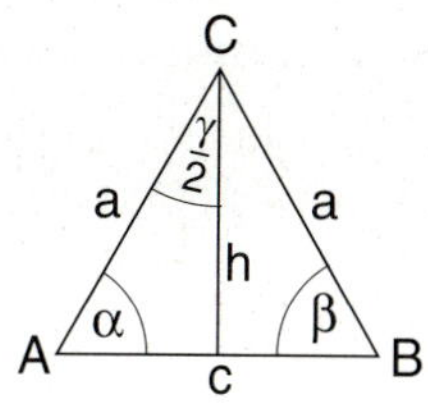

a) Berechne folgende Winkelgrößen! $\beta =$ ______; $\gamma =$ ______; $\frac{\gamma}{2} =$ ______

b) Stelle Gleichungen zur Berechnung von h und c auf! ______________________

____

29 In einem gleichschenkligen Dreieck ABC (s. Abb. zu Aufg. 28) gelte:
a = 8,7 cm; c = 6,2 cm
Berechne die Größen der Innenwinkel!

____

____

30 Von einem gleichschenkligen Dreieck ABC (a = b) sei bekannt:
c = 4,4 cm und $\gamma = 70°$
Berechne den Umfang dieses Dreiecks!

u = ______________

31 Wie groß sind die Innenwinkel eines gleichschenkligen Dreiecks mit einer Basis von 12,4 cm und Schenkeln der Länge 5,9 cm?

____

____

____

32 Berechne den Flächeninhalt eines Dreiecks ABC mit

a) a = b = 6 cm und $\gamma = 150°$! A = ______________

b) Berechne den Wert des Terms $T = \frac{1}{2} \cdot 6 \cdot 6 \cdot \sin 150°$! T = ______________

Lösungen

30. u = 12 cm; (a = b = 3,84 cm) (oder u = 12,1 cm mit ungerundeten Zwischenwerten)

28. a) $\beta = 65°$; $\gamma = 50°$; $\frac{\gamma}{2} = 25°$ b) $h = a \cdot \sin\alpha$; $c = 2a \cdot \cos\alpha$

31. Keine Lösung; Dreiecksungleichung! 5,9 + 5,9 < 12,4

29. $\alpha = \beta = 69{,}1°$; $\gamma = 41{,}8°$

32. a) c = 11,6 cm; h = 1,55 cm; A = 9,0 cm² b) T = 9

1 Berechne jeweils x!

a) $\frac{x}{4,5} = \frac{6,8}{8,5}$; x = ______

b) $\frac{9}{10} = \frac{x}{7}$; x = ______

c) $\frac{1,2}{x} = \frac{8}{22}$; x = ______

d) $\frac{20}{15} = \frac{8,8}{x}$; x = ______

Sinussatz

Für alle Dreiecke gilt:

Je zwei Seiten stehen im gleichen Verhältnis wie die Sinuswerte ihrer Gegenwinkel. Beispiel: $\frac{a}{c} = \frac{\sin\alpha}{\sin\gamma}$

2 Ergänze!

a) $\frac{b}{c} = \frac{\sin\beta}{\_\_\_\_}$

b) $\frac{b}{a} = \frac{}{\_\_\_\_}$

c) $\frac{a}{\sin\alpha} = \frac{}{\_\_\_\_} = \frac{}{\_\_\_\_}$

3 Stelle jeweils nach der angegebenen Größe um!

a) $\frac{a}{c} = \frac{\sin\alpha}{\sin\gamma}$; a = ______

b) $\frac{c}{b} = \frac{\sin\gamma}{\sin\beta}$; $\sin\beta$ = ______

4 Stelle Gleichungen auf und forme sie nach der gesuchten Größe um!

a) gegeben: a, b, α; gesucht: β ______

b) gegeben: a, α, γ; gesucht: c ______

c) gegeben: b, α, β; gesucht: a ______

5 a) Von einem Dreieck ABC (s. Abb.) sind bekannt:
c = 18,5 cm; α = 73,0°; γ = 65,4°.
Berechne a! a = ______

b) Von einem Dreieck ABC sind bekannt:
b = 6,8 cm; c = 8,6 cm; γ = 64,0°.
Berechne β! β = ______

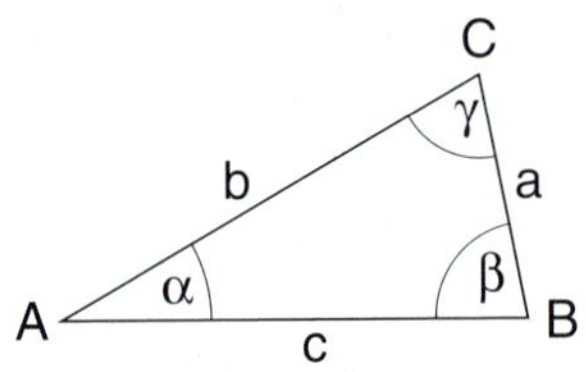

Lösungen

1. a) x = 3,6 cm b) x = 6,3 cm c) x = 3,3 cm d) x = 6,6 cm

2. a) $\frac{b}{c} = \frac{\sin\beta}{\sin\gamma}$ b) $\frac{b}{a} = \frac{\sin\beta}{\sin\alpha}$ c) $\frac{a}{\sin\alpha} = \frac{b}{\sin\beta} = \frac{c}{\sin\gamma}$

3. a) $a = \frac{c \cdot \sin\alpha}{\sin\gamma}$ b) $\sin\beta = \frac{b \cdot \sin\gamma}{c}$

4. a) $\sin\beta = \frac{b \cdot \sin\alpha}{a}$ b) $c = \frac{a \cdot \sin\gamma}{\sin\alpha}$ c) $a = \frac{b \cdot \sin\alpha}{\sin\beta}$

5. a) a = 19,5 cm b) β = 45,3°

6 Ermittle die Funktionswerte auf drei Dezimalstellen!

a) $\sin 27° =$ ________ b) $\sin 153° =$ ________

c) $\sin 33° =$ ________ d) $\sin 147° =$ ________

> Der spitze Winkel α und der stumpfe Winkel $180° - \alpha$ haben den gleichen Sinuswert.
> Es gilt: $\sin\alpha = \sin(180° - \alpha)$

7 Ermittle alle Winkel β zwischen 0° und 180°, für die Folgendes gilt!

a) $\sin\beta = 0{,}213$; $\beta_1 =$ ________; $\beta_2 =$ ________

b) $\sin\beta = 0{,}766$; $\beta_1 =$ ________; $\beta_2 =$ ________

c) $\sin\beta = 0{,}9813$ $\beta_1 =$ ________; $\beta_2 =$ ________

8 Berechne d (s. Abb.)!

$e = 4{,}56$ cm; $\delta = 116°$; $\varepsilon = 24°$

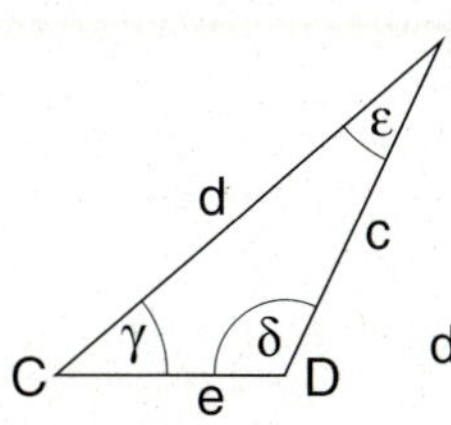

d = ________

9 Von einem Dreieck ABC sind gegeben: $a = 24{,}0$ cm; $\alpha = 75°$; $\beta = 49°$.
Berechne γ, b und c!

$\gamma =$ ________

b = ________

c = ________

10 Wie groß wäre der Winkel β in einem Dreieck ABC, wenn $a = 3{,}4$ cm; $b = 5{,}2$ cm; $\alpha = 111°$ betragen?

____

____

____

11 In einem Dreieck ABC seien $a = 4{,}5$ cm; $c = 5{,}5$ cm und $\alpha = 40°$.

a) Konstruiere dieses Dreieck (Beachte: zwei Lösungen)!

b) Berechne die Größe des Winkels γ!

Lösungen

8. d = 10,1 cm
6. a) und b) 0,454
c) und d) 0,545
7. a) $\beta_1 = 12{,}3°$; $\beta_2 = 167{,}7°$ b) $\beta_1 = 50°$; $\beta_2 = 130°$ c) $\beta_1 = 78{,}9°$; $\beta_2 = 101{,}1°$
9. $\gamma = 56°$; b = 18,8 cm; c = 20,6 cm
10. nicht lösbar; Verstoß gegen Seiten-Winkel-Relation
11. $\gamma_1 = 51{,}8°$; $\gamma_2 = 128{,}2°$

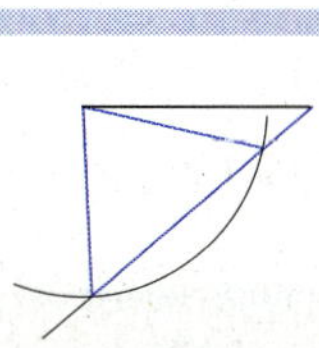

1 Ermittle die gesuchten Werte! $0° < \alpha$ und $\beta < 180°$

a) $a \cos 53{,}1° =$ ______

b) $\cos 126{,}9° =$ ______

c) $\cos\alpha = 0{,}766;\quad \alpha =$ ______

d) $\cos\beta = -0{,}766;\quad \beta =$ ______

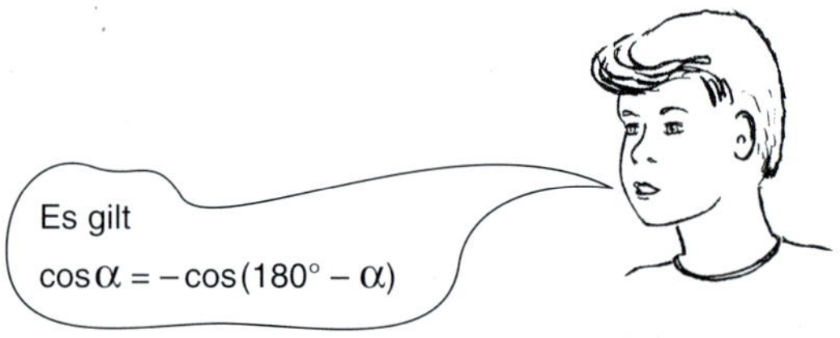

Kosinussatz

Für alle Dreiecke gilt: $a^2 = b^2 + c^2 - 2bc \cdot \cos\alpha$ oder umgeformt $\cos\alpha = \frac{b^2 + c^2 - a^2}{2bc}$

2 a) Stelle die Gleichung $b^2 = a^2 + c^2 - 2ac \cdot \cos\beta$ nach $\cos\beta$ um!

______

b) Ergänze folgende Fassung des Kosinussatzes!

$c^2 =$ ______ $\cos\gamma =$ ______

3 Berechne jeweils x! (Die Abbildungen sind nicht maßstäblich.)

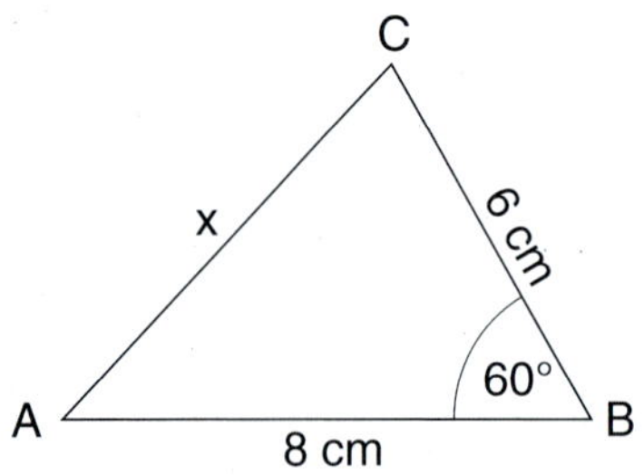

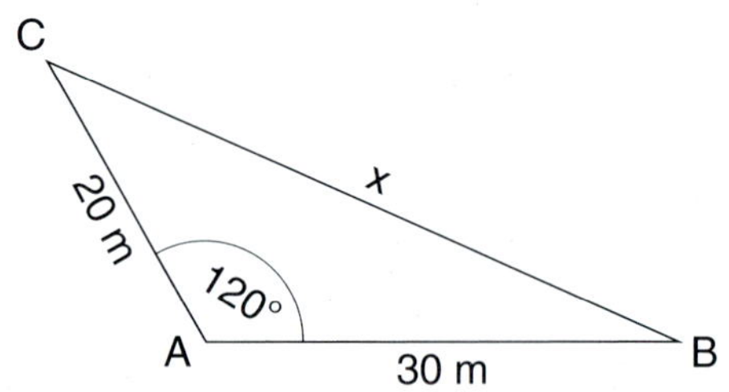

x = ______ x = ______

4 Von einem Dreieck ABC sind bekannt: $a = 15$ cm; $c = 8$ cm und $\beta = 90°$
Berechne b, α und γ!

Lösungen

2. a) $\cos\beta = \frac{a^2 + c^2 - b^2}{2ac}$ b) $c^2 = a^2 + b^2 - 2ab\cos\gamma \rightarrow \cos\gamma = \frac{a^2 + b^2 - c^2}{2ab}$
4. $b = 17$ cm (Pythagoras); $\alpha = 61{,}9°$; $\gamma = 28{,}1°$
1. a) 0,6004 b) −0,6004 c) $\alpha = 40°$ d) $\beta = 140°$
3. a) $x = 7{,}2$ cm (7,21) b) $x = 43{,}6$ m (43,59)

5 In einem Dreieck ABC gilt: a = 9 cm; b = 10 cm und c = 11 cm.
Berechne unter Verwendung des Kosinussatzes (auf eine Dezimalstelle)

a) die Größe von γ; b) die Größe von β; c) die Größe von α!

6 Gegeben ist ein Dreieck ABC mit
a = 5,0 cm; b = 4,0 cm und c = 7,0 cm.

a) Konstruiere ein solches Dreieck!

b) Berechne den größten Winkel dieses Dreiecks!

7 In einem gleichschenkligen Dreieck sind die Schenkel je 12 cm lang. Die Länge der Basis beträgt 9 cm. Wie groß ist der Winkel an der Spitze dieses Dreiecks?

8 S_1 und S_2 sind die Standorte zweier Schiffe, deren Abstand von einer Radarstation R gemessen wird. Wie weit sind die Schiffe voneinander entfernt?

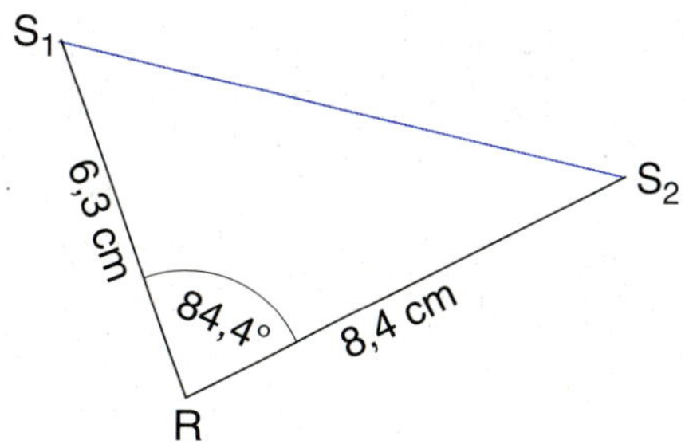

$\overline{S_1S_2}$ =

9 Warum erhält man kein Ergebnis (ERROR), wenn man zu den Seiten 11 cm; 13 cm und 25 cm eines Dreiecks einen Innenwinkel berechnen will?

Lösungen

7. 44°
8. $\overline{S_1S_2}$ = 10 sm (9,996)
6. a)

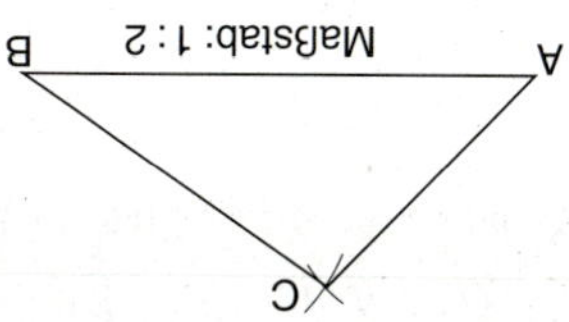

b) γ = 101,5°

5. a) γ = 70,5° b) β = 59,0° c) α = 50,5°
9. Es gibt kein Dreieck mit diesen Seitenlängen (Dreiecksungleichung)

1 Berechne den Flächeninhalt der folgenden Dreiecke!

a)

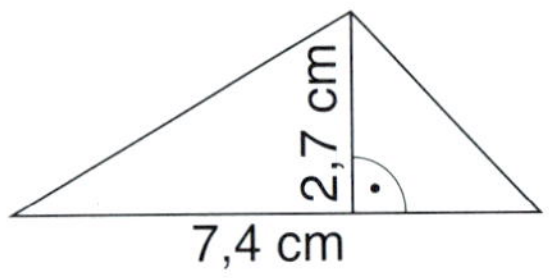

b)

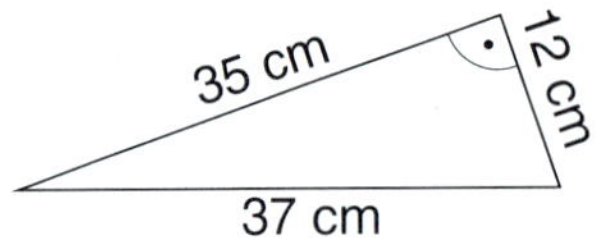

c)

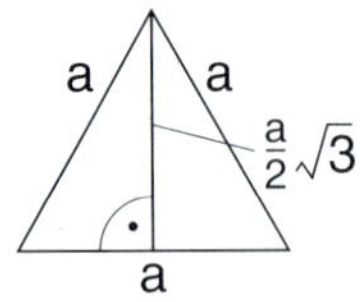

a = 4 cm

Für alle Dreiecke gilt: Der Flächeninhalt des Dreiecks ist gleich dem halben Produkt zweier Seiten multipliziert mit dem Sinus des eingeschlossenen Winkels.

z.B. $A = \frac{1}{2} \cdot a \cdot b \cdot \sin\gamma$.

2 Vervollständige die Formeln!

a) $A = \frac{1}{2} \cdot a \cdot c \cdot$ ____________

b) A = ____________ $\cdot \sin\alpha$

3 Stelle Gleichungen zur Berechnung der Flächeninhalte auf und vereinfache sie nach Möglichkeit!

a)

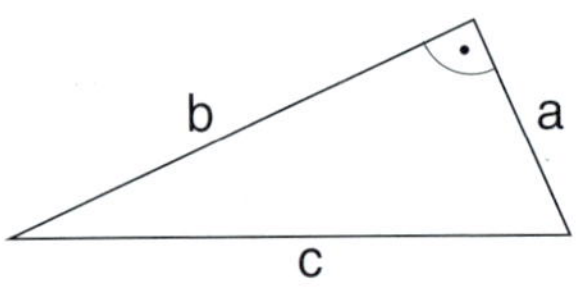

A = ____________

b)

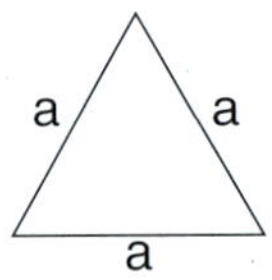

A = ____________

4 Berechne die Flächeninhalte der folgenden Dreiecke!

a) geg.: a = 9 cm; c = 12 cm; $\beta = 30°$

A = ____________

b) geg: b = 8,3 cm; c = 9,2 cm; $\alpha = 65°$

A = ____________

5 Welches der beiden Dreiecke hat den größeren Flächeninhalt? Begründe!

____

____

____

____

____

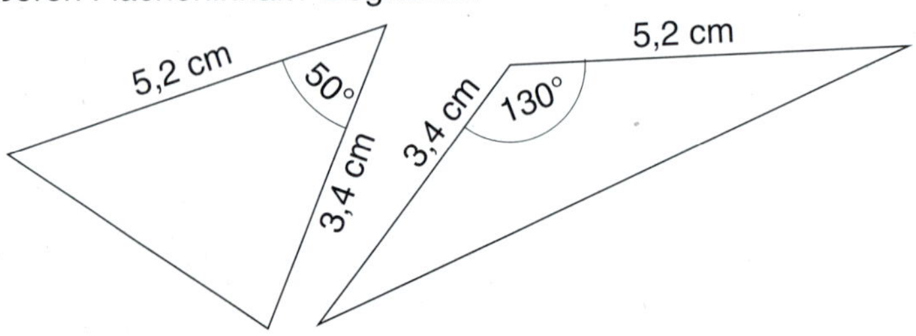

Lösungen

1. a) 9,99 cm² b) 210 cm² c) 6,93 cm² (4 · √3)
5. beide gleich (sin50° = sin130°)
4. a) A = 27 cm² b) A = 34,6 cm²
2. a) $A = \frac{1}{2} ac \cdot \sin\beta$ b) $A = \frac{1}{2} bc \cdot \sin\alpha$
3. a) $A = \frac{1}{2} ab$ b) $\frac{a^2}{4}\sqrt{3}$

6 Berechne jeweils den Flächeninhalt der Dreiecke!

a)

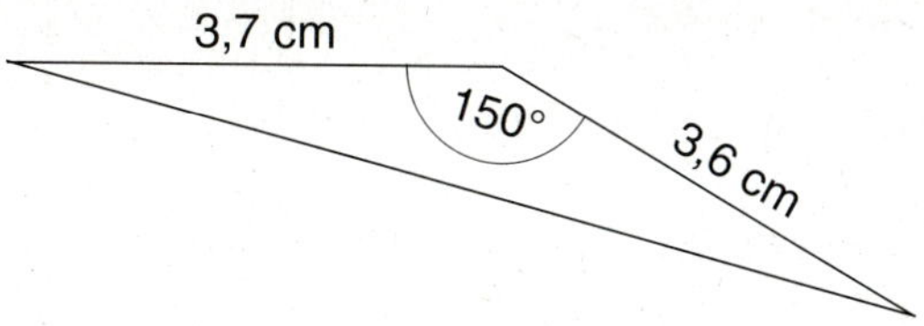

b)

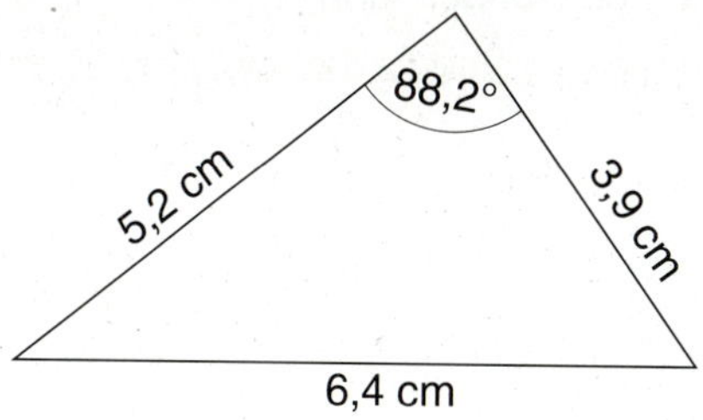

A = ____________ A = ____________

7 Berechne den Flächeninhalt des Parallelogramms ABCD!

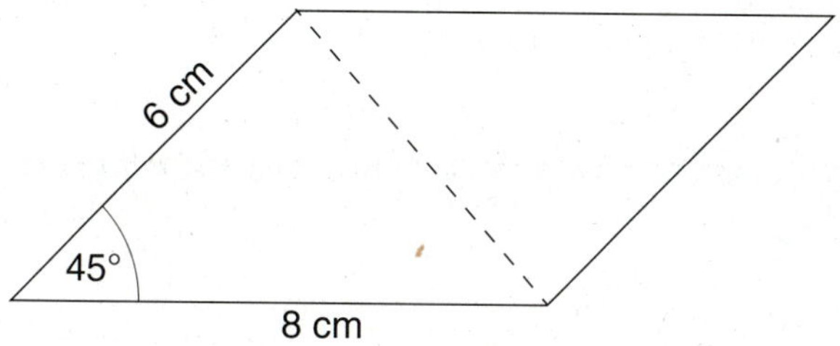

8 Berechne den Flächeninhalt des abgebildeten Dreiecks! Ermittle dazu Messwerte geeigneter Stücke!

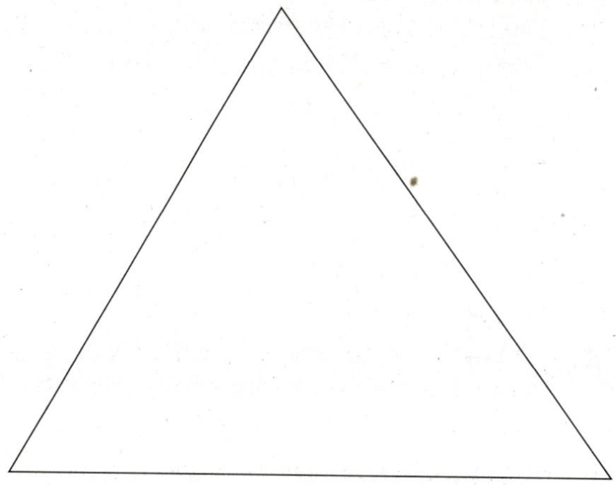

9 Von einem Dreieck sind bekannt: $a = 5$ cm; $b = 10$ cm und $\beta = 72°$
Berechne α; γ und den Flächeninhalt A dieses Dreiecks!

α = ____________ γ = ____________ A = ____________

Lösungen

6. a) A = 3,33 cm² b) 10,1 cm²
7. A = 33,9 cm² (24 ·)
8. A = 21 cm² (Winkel: 67,4°; 59,5°; 53,1°; Seiten: 6,5 cm; 7,0 cm; 7,5 cm)
9. α = 28,4° γ = 79,6° A = 24,6 cm²

1 Ein Turm wirft bei einem Sonnenstand von 65° einen 34 m langen Schatten.
Wie hoch ist der Turm?

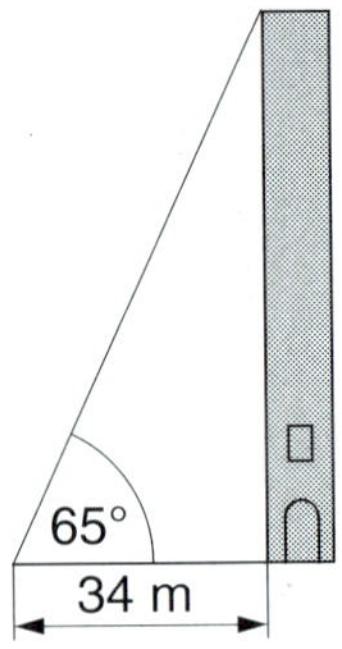

2 In einen Kreis mit dem Radius r = 10 cm ist eine 15 cm lange Sehne s eingezeichnet.

a) Zeichne eine Planfigur!

b) Berechne den zugehörigen Zentriwinkel!

Planfigur:

3 Eine quadratische Pyramide hat eine Grundkante von a = 40 cm.
Die Höhe h der Pyramide beträgt 21 cm.
Berechne den Neigungswinkel α einer Seitenfläche!

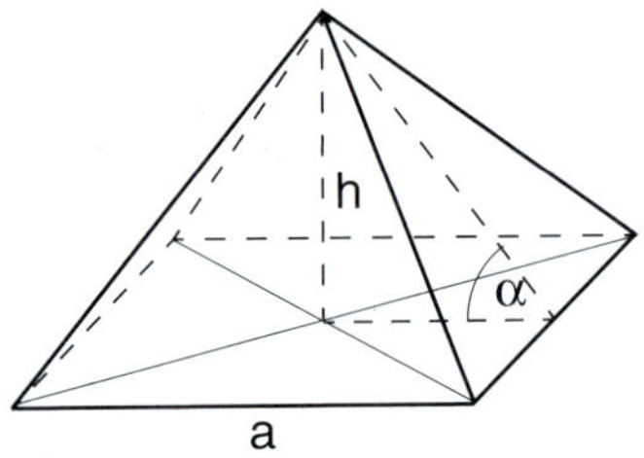

4 Um eine Flussbreite zu ermitteln, werden von zwei Endpunkten A und B einer 110 m langen Standlinie die Blickwinkel α und β zu einem auf dem anderen Ufer gelegenen Punkt ermittelt.

a) Berechne den Winkel γ bei C!

b) Berechne die Entfernung $\overline{AC}$!

c) Berechne die Flussbreite (Lot von C auf $\overline{AB}$)!

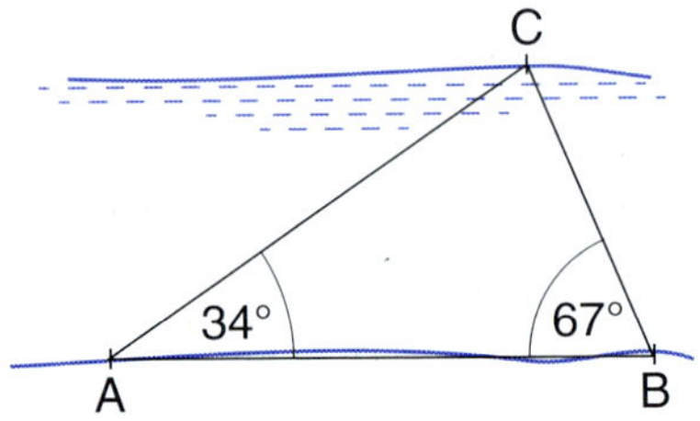

Lösungen

1. 73 m (72,9)

2. a)

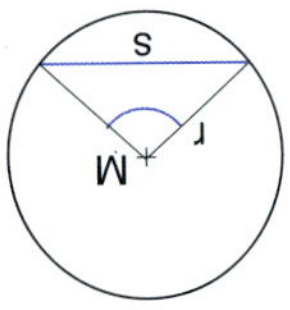

b) 97,2°

3. $\alpha = 46{,}4°$

4. a) $\gamma = 79°$ b) $\overline{AC} = 103$ m c) Flussbreite: 58 m (103 · sin34°)

5 Zeichne in ein Koordinatensystem die Graphen der Funktionen ein:

f_1: $y = \frac{1}{2}x$; f_2: $y = 2x$;

f_3: $y = 5x$; f_4: $y = -3x$

Berechne die Anstiegswinkel!

α_1 = ____________

α_2 = ____________

α_3 = ____________

α_4 = ____________

Miss die Winkel zur Probe!

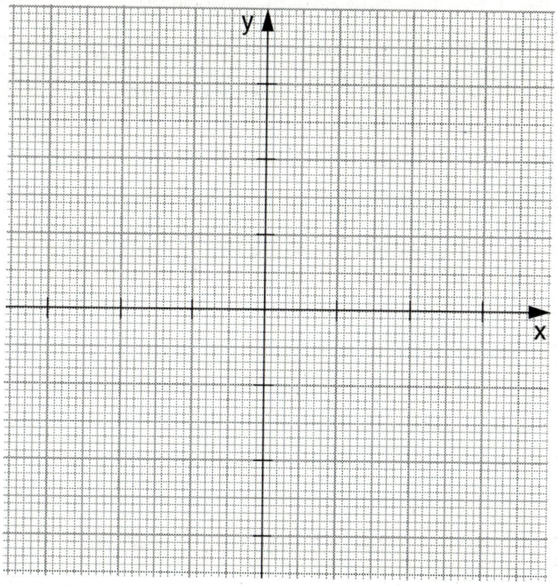

6 Die Sonne hat einen Durchmesser von 1 400 000 km und eine mittlere Entfernung zur Erde von 150 000 000 km.
Der Monddurchmesser beträgt 3 476 km, seine mittlere Entfernung von der Erde ist 385 000 km.
Berechne für beide Himmelskörper den Blickwinkel, unter dem wir sie sehen (auf zwei Dezimalstellen genau)!

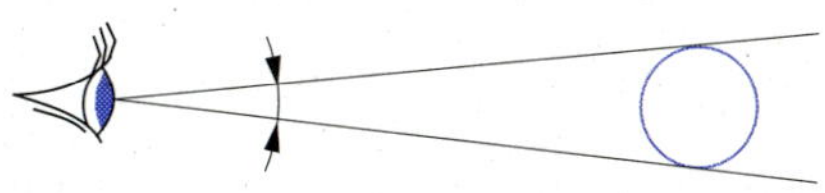

7 Eine Seilbahn überwindet auf 540 m Länge einen Höhenunterschied von 95 m.

a) Wie groß ist der Anstiegswinkel? α = ____________

b) Wie viel Prozent beträgt der Anstiegswinkel? ____________

8 Die Abbildung zeigt ein gleichseitiges Dreieck und seinen Umkreis mit dem Radius r. Berechne den Flächeninhalt des Dreiecks für r = 10 cm!

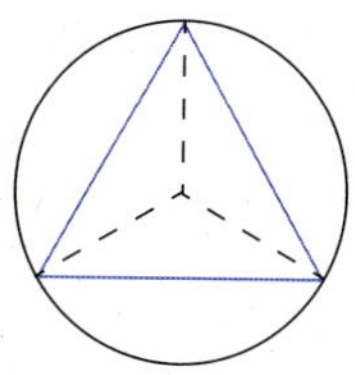

Lösungen

7. a) 10,1° b) 17,6 %

6. Sonne: 0,54°; Mond: 0,52°

8. A = 129,9 cm² (75 · $\sqrt{3}$)

5. 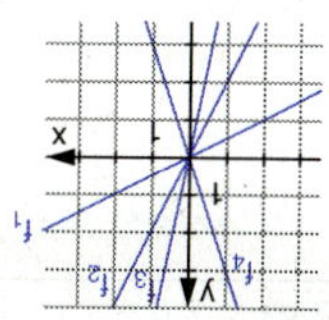

$\alpha_1 = 26{,}6°$

$\alpha_2 = 63{,}4°$

$\alpha_3 = 78{,}7°$

$\alpha_4 = 108{,}4°$

1 Ermittle (auf eine Dezimalstelle genau) alle Winkel von 0° bis 180°, die die folgenden Funktionswerte haben!

$\sin\alpha = 0{,}8181$; ____________

$\cos\beta = 0{,}9092$; ____________ $\tan\gamma = 0{,}7212$; ____________

2 Berechne die gesuchten Stücke eines Dreiecks ABC!

a) gegeben: $c = 8{,}2$ cm; $\alpha = 33{,}5°$; $\beta = 72{,}5°$ gesucht: γ; a

$\gamma =$ ________ ; $a =$ ________

b) gegeben: $a = 56$ mm; $c = 82$ mm; $\beta = 52{,}5°$ gesucht: b; A

$b =$ ________ ; $A =$ ________

3 Von einem 60 m hohen Leuchtturm wird unter einem Winkel von 5° ein Schiff beobachtet. Wie weit ist es vom Leuchtturm entfernt?

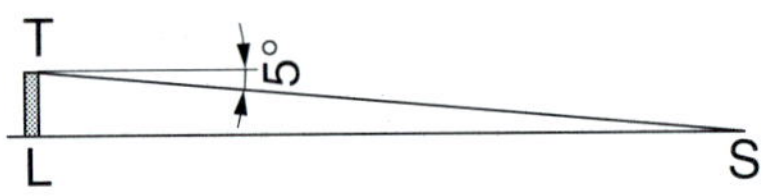

$\overline{LS} =$ ____________

4 Ein Parallelogramm ABCD hat die Seitenlängen a und b. Berechne seinen Flächeninhalt für folgende Größen des Winkels α!

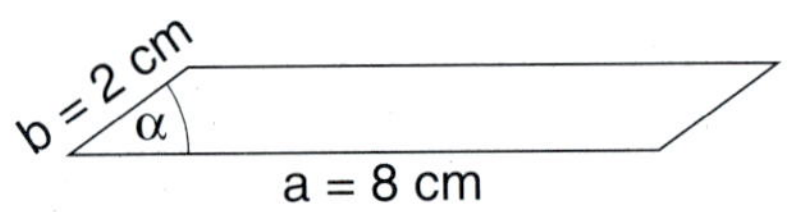

a) $\alpha_1 = 15°$ b) $\alpha_2 = 35°$ c) $\alpha_3 = 85°$

$A_1 =$ ________ $A_2 =$ ________ $A_3 =$ ________

Lösungen

4. a) $A = 4{,}14\ \text{cm}^2$ b) $A = 9{,}18\ \text{cm}^2$ c) $A = 15{,}94\ \text{cm}^2$
2. a) $\gamma = 74°$; $a = 4{,}7$ cm b) $b = 65{,}3$ mm; $A = 1820\ \text{mm}^2$
1. $\alpha_1 = 54{,}9°$; $\alpha_2 = 125{,}1°$; $\beta = 24{,}6°$; $\gamma = 35{,}8°$
3. 700 m (686 m)

5 Ergänze die Gleichungen für das Dreieck DEF!

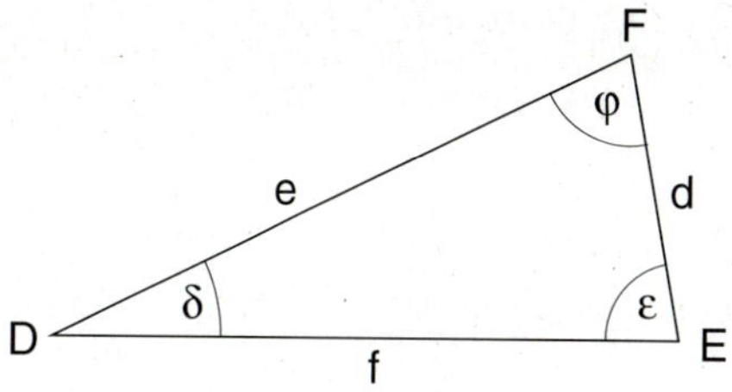

a) Sinussatz: $\frac{d}{e} =$ ____________

b) Kosinussatz: $e^2 =$ ____________

$\cos\varphi =$ ____________

c) Flächenformel: $A =$ ____________

6 Berechne die gesuchten Größen des Dreiecks ABC!

a) gegeben: $b = 6$ cm; $c = 7$ cm; $\alpha = 90°$ gesucht: β; a

$\beta =$ ____________

$a =$ ____________

b) gegeben: $a = 10$ cm; $b = 15$ cm; $c = 20$ cm gesucht: α; β; γ

$\alpha =$ ____________

$\beta =$ ____________

$\gamma =$ ____________

7 Zwei Straßen kreuzen einander rechtwinklig in K. Auf der einen liegt 750 m von K entfernt eine Haltestelle H. An der anderen liegt 630 m von K entfernt ein Gasthaus G. Von H nach G soll eine direkte geradlinige Verbindung gebaut werden.

a) Zeichne eine Planfigur!

b) Berechne die beiden Winkel zwischen den Straßen und der geplanten Verbindungsstrecke!

c) Um wie viel Meter ist die Verbindungsstrecke kürzer als der Weg von G über K nach H?

Planfigur:

zu b) ____________ zu c) ____________

Lösungen

5. a) $\frac{d}{e} = \frac{\sin\delta}{\sin\varepsilon}$ b) $e^2 = d^2 + f^2 - 2df \cdot \cos\varepsilon \rightarrow \cos\varphi = \frac{d^2 + e^2 - f^2}{2de}$ c) $A = \frac{1}{2} de \cdot \sin\varphi = \frac{1}{2} df \cdot \sin\varepsilon = \frac{1}{2} ef \cdot \sin\delta$

6. a) $\beta = 40{,}6°$; $a = 9{,}2$ cm b) $\alpha = 29{,}0°$; $\beta = 46{,}6°$; $\gamma = 104{,}4°$

7. a)

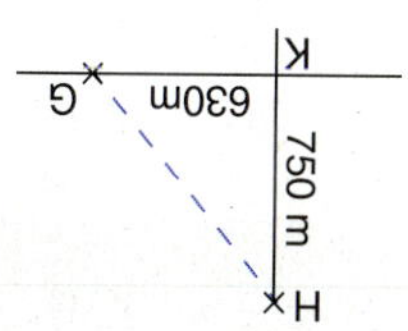

b) 40° und 50° c) um 400 m

8 Ermittle alle Winkel von 0° bis 180° mit folgenden Funktionswerten!

a) $\sin\alpha = 0{,}7$; α = ______ b) $\sin\alpha = -0{,}7$; α = ______

c) $\cos\alpha = 0{,}7$; α = ______ d) $\cos\alpha = -0{,}7$; α = ______

e) $\tan\alpha = 0{,}7$; α = ______ f) $\tan\alpha = -0{,}7$; α = ______

9 Wie groß ist der Winkel α, den die Raumdiagonale eines Würfels mit der Grundfläche bildet?

______

______

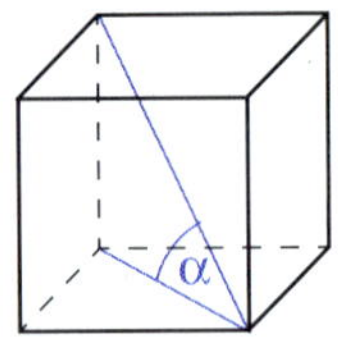

10 Um die Höhe eines Turmes zu ermitteln, dessen Fußpunkt unzugänglich ist, wird eine Standlinie $\overline{AB}$ in Richtung auf den Turm abgesteckt. Dann werden in A und B die Erhebungswinkel α und β gemessen.
Man erhält: $\overline{AB} = 20$ m; $\alpha = 30°$; $\beta = 45°$.
Berechne folgende Größen!

a) den Winkel ABT = β', β' = ______

b) den Winkel BTA = γ, γ = ______

c) die Strecke $\overline{BT}$ und $\overline{BT}$ = ______

d) die Höhe h des Turmes. h = ______

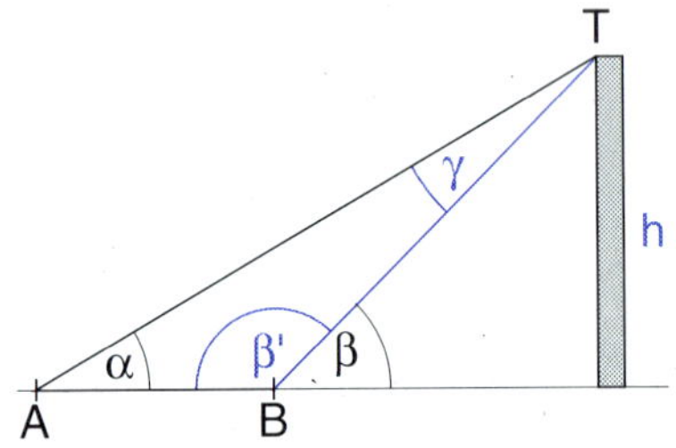

11 Die Abbildung zeigt ein regelmäßiges Zwölfeck.

a) Berechne den Zentriwinkel γ! γ = ______

b) Berechne die Fläche A_D eines Teildreiecks für r = 1 m! A_D = ______

c) Berechne die Fläche A_{12} des Zwölfecks! A_{12} = ______

d) Berechne die Fläche A_O des Umkreises! A_O = ______

e) Um wie viel Prozent ist A_{12} kleiner als A_O? ______

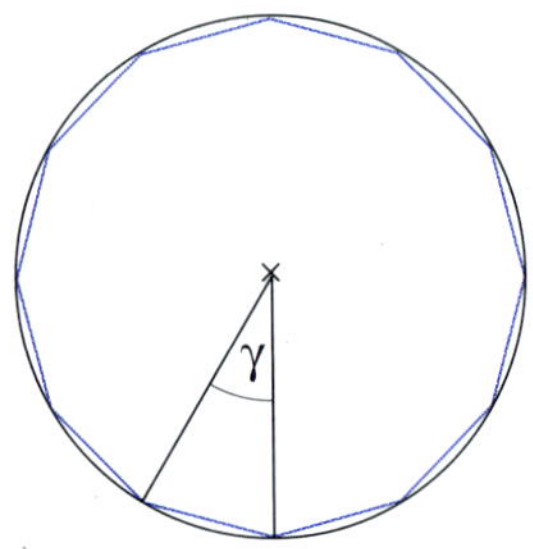

Lösungen

11. a) $\gamma = 30°$ b) $A_D = 0{,}25$ m² c) $A_{12} = 3$ m² d) $A_O = 3{,}14$ m² (π) e) 4,5 %

9. $\alpha = 35{,}3°$

8. a) $\alpha = 44{,}4°$ und 135,6° b) keine Lösung c) $\alpha = 45{,}6°$ d) $\alpha = 134{,}4°$ e) $\alpha = 35{,}0°$ f) $\alpha = 145{,}0°$

10. a) $\beta' = 135°$ b) $\gamma = 15°$ c) $\overline{BT} = 38{,}6$ m d) h = 27 m (27,3 m)

1

a) $108ab : 12a^2b$ = ____________

b) $\sqrt{4000} : \sqrt{40}$ = ____________

c) 18^2 = ____________

d) Löse $v = \frac{s}{t}$ nach t auf! ____________

e) $3^2 \cdot a^2 \cdot 4^2 \cdot a^{-2}$ = ____________

f) $16^2 = 4^x$ x = ____________

g) $(a - b)(a + b)$ = ____________

h) $x^2 - 100 = 0$ x = ____________

i) Nenne die Glieder einer Divisionsaufgabe!

____

j) Wandle $(x+3)^2$ in eine Summe um!

____

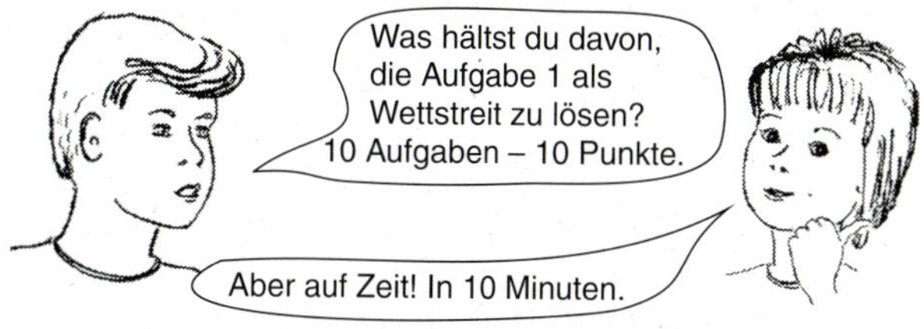

2 Ergänze die Tabelle, wenn $3m - 6n = 0$ gilt!

m	0	2			–10	1	0,5	
n			2	–1				1,5

3 Vervollständige richtig! Verwende Begriffe wie „die Hälfte“, „ein Drittel“, „doppelte“, „dreifache“

a) Wenn in einem Raum doppelt so viele Personen sind, hat jeder ____________ Platz.

b) Wenn eine Strecke doppelt so lang ist, benötigt ein Kraftfahrzeug bei gleicher Geschwindigkeit die ____________ Zeit.

c) Wenn ein Auto die Strecke mit doppelter Geschwindigkeit fährt, benötigt es die ____________ Zeit.

d) Wenn du bei doppelter Geschwindigkeit die dreifache Zeit benötigst, fährst du die ____________ Strecke.

Ein Zusammenhang heißt direkt proportional, wenn zum Doppelten, Dreifachen, Vierfachen, ... der ersten Zahl oder Größe das Doppelte, Dreifache, Vierfache, ... der zweiten Zahl oder Größe gehört.

Die Quotienten einander zugeordneter Werte sind bei einem proportionalen Zusammenhang gleich.

Ein Zusammenhang heißt indirekt proportional, wenn zum Doppelten, Dreifachen, Vierfachen, ... der ersten Zahl oder Größe die Hälfte, ein Drittel, ein Viertel, ... der zweiten Zahl oder Größe gehört.

Die Produkte einander zugeordneter Werte sind bei einem indirekt proportionalen Zusammenhang gleich.

4 Ein handgewebter rechteckiger Teppich ist 4 m lang und 3 m breit. Mit der gleichen Menge Garn soll
a) ein 5 m langer Teppich   b) ein 6 m langer Teppich
gewebt werden. Gib die jeweilige Breite an!

Lösungen

1. a) $\frac{9}{a}$ b) 10   c) 324   d) $t = \frac{s}{v}$ e) 144
f) $x = 4$ g) $a^2 - b^2$ h) $L = \{-10; +10\}$ i) Dividend, Divisor   k) $x^2 + 6x + 9$

2.

m	0	2	4	–2	–10	1	0,5	3
n	0	1	2	–1	–5	0,5	0,25	1,5

3. a) halb so viel   b) doppelte   c) halbe   d) sechsfache

4. a) 2,40 m   b) 2 m

5 Gegeben ist die nebenstehende Skizze einer Strahlensatzfigur.
Rechne auf eine Dezimalstelle genau!

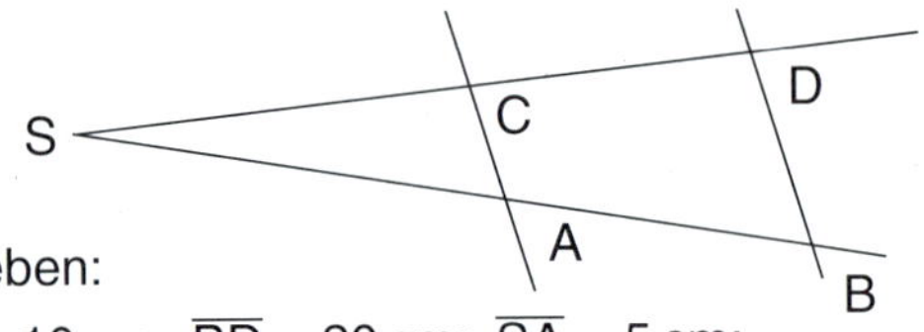

a) gegeben:
$\overline{SA}$ = 4 cm; $\overline{SB}$ = 6 cm; $\overline{SD}$ = 9 cm;
gesucht: $\overline{SC}$ = ______

b) gegeben:
$\overline{AC}$ = 10 cm; $\overline{BD}$ = 20 cm; $\overline{SA}$ = 5 cm;
gesucht: $\overline{SB}$ = ______

c) gegeben:
$\overline{SA}$ = 11 cm; $\overline{AB}$ = 4 cm; $\overline{CD}$ = 6 cm;
gesucht: $\overline{SC}$ = ______

d) gegeben:
$\overline{AC}$ = 3 cm; $\overline{BD}$ = 20 cm; $\overline{SC}$ = 6 cm;
gesucht: $\overline{SD}$ = ______

e) gegeben:
$\overline{SB}$ = 9 cm; $\overline{SD}$ = 4 cm; $\overline{CD}$ = 2 cm;
gesucht: $\overline{AB}$ = ______

f) gegeben:
$\overline{AC}$ = 13 cm; $\overline{BD}$ = 11 cm; $\overline{SA}$ = 6 cm;
gesucht: $\overline{SB}$ = ______

Gleichungen der Form a : b = c : d (a, b, c, d ≠ 0) heißen Verhältnisgleichungen.
Bei Verhältnisgleichungen lassen sich (zur Vereinfachung der Rechnung) vertauschen: die Innengleider (I), die Außenglieder (II), die Innen- gegen die Außenglieder (III) sowie die Seiten (IV)

Regel	Verhältnisgleichung a : b = c : d	Beispiel 2 : 5 = 4 : 10	Produktgleichung a · d = c · b
(I)	a : c = b : d	2 : 4 = 5 : 10	a · d = c · b
(II)	d : b = c : a	10 : 5 = 4 : 2	d · a = b · c
(III)	b : a = d : c	5 : 2 = 10 : 4	b · c = a · d
(IV)	c : d = a : b	4 : 10 = 2 : 5	c · b = d · a

6 Berechne x!

a) 17,4 : x = 26,1 : 34,8 x = ______

b) 17,4 : 26,1 = 26,1 : x x = ______

c) 17,4 : 26,1 = x : 34,8 x = ______

d) x : 23,2 = 26,1 : 17,4 x = ______

Lösungen

5. a) $\overline{SC}$ = 6 cm b) $\overline{SB}$ = 10 cm c) $\overline{SC}$ = 16,5 cm d) $\overline{SD}$ = 40 cm e) $\overline{AB}$ = 4,5 cm
f) nicht lösbar (Maße passen nicht auf die vorgegebene Figur, $\overline{BD}$ muss größer sein als $\overline{AC}$.)
6. a) x = 23,2 b) x = 39,15 c) x = 23,2 d) x = 34,8

7 a) $\frac{x}{33,4} = \frac{17,6}{22,8}$ x = ______ b) $\frac{33,4}{x} = \frac{102}{33,4}$ x = ______ c) $\frac{66,6}{77,7} = \frac{14}{x}$ x = ______

d) $\frac{16,6}{107} = \frac{x}{18}$ x = ______ e) $\frac{108}{216} = \frac{x}{44,4}$ x = ______ f) $\frac{17,0}{x} = \frac{18,0}{23,4}$ x = ______

8 Gegeben ist die nebenstehende Skizze eines Dreiecks.
Berechne die gesuchten Größen auf eine Dezimalstelle genau!

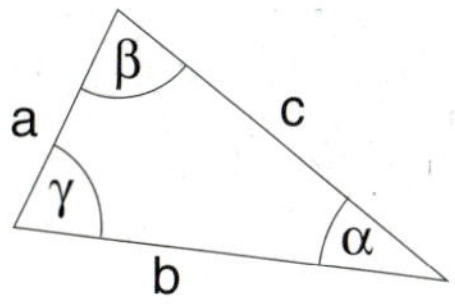

a) gegeben:
$a = 4\,cm$; $\alpha = 40°$; $\beta = 60°$
gesucht: b

b) gegeben:
$b = 223\,cm$; $\gamma = 12°$; $\beta = 80°$
gesucht: c

c) gegeben:
$b = 22,3\,cm$; $\alpha = 12°$; $\beta = 100°$
gesucht: a

9 Auf einer Karte, die im Maßstab 1 : 2 500 000 angefertigt ist, misst eine Schülerin die folgenden Entfernungen. Wie groß sind sie in Wirklichkeit?

a) Berlin – Hamburg 10,0 cm ______
b) Berlin – Leipzig 6,0 cm ______
c) Berlin – Rostock 8,0 cm ______
d) Berlin – Prag 11,0 cm ______
e) Hamburg – München 24,6 cm ______
f) Dresden – Kassel 11,8 cm ______

10 Berechne x, y und z!

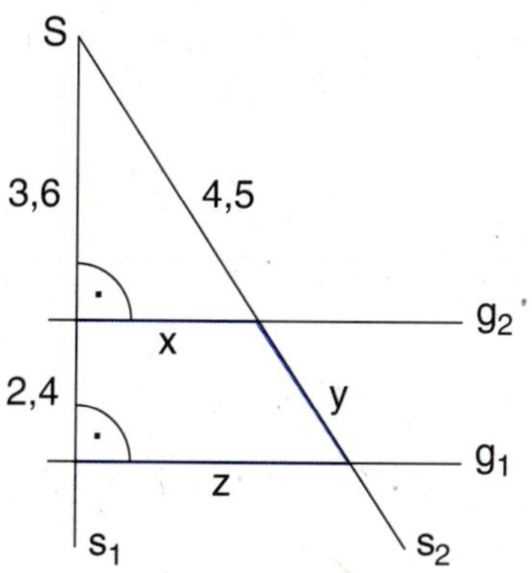

Lösungen

7. a) 25,8 b) 10,9 c) 16,3 d) 2,8 e) 22,2 f) 22,1
8. a) $b = 5,4\,cm$ b) $c = 47,1\,cm$ c) $a = 4,7\,cm$
9. a) 250 km b) 150 km c) 200 km d) 275 km e) 615 km f) 295 km
10. Nach Pythagoras gilt $x^2 + 3,6^2 = 4,5^2$. ⇒ $x = 2,7$
Nach den Strahlensätzen gilt $3,6 : 2,4 = 4,5 : y$ und $3,6 : 2,7 = 6 : z$. ⇒ $y = 3$ und $z = 4,5$.

11 Ein Garten soll auf einer Seite einen Bretterzaun ohne Zwischenräume erhalten. Dazu werden 240 Bretter benötigt, wenn jedes Brett 12 cm breit und 150 cm lang ist. Der Baumarkt bietet nur folgende Bretter an.

a) 24cm × 150 cm b) 6 cm × 150 cm c) 20 cm × 150 cm

Wie viele Bretter müsste man jeweils nehmen? Wie lang ist der Zaun?

12 Liane hat drei Würfel mit den Kantenlängen 1 cm, 2 cm und 4 cm. Sie will ermitteln, ob die Würfel die gleiche Dichte haben, also ob zwischen der Masse und dem Volumen dieser Würfel (direkte) Proportionalität besteht. Sie ermittelt: 1. Würfel ≙ 5 g; 2. Würfel ≙ 40 g; 3. Würfel ≙ 320 g.

Zu welchem Ergebnis kommt Liane?

13 Wasser von 24 °C wird in einem Topf gleichmäßig erhitzt. Nach 4 min ist seine Temperatur um 40 Grad gestiegen. Welche Temperatur wird das Wasser a) nach 6 min, b) nach 10 min haben?

14 Zwei Zahlen a und b verhalten sich wie 5 : 6. Addiert man zu jeder der beiden Zahlen 3, so verhalten sich die neu entstandenen Zahlen wie 7 : 8. Ermittle a und b! Führe eine Probe durch!

15 Gib die Strecke x mith ilfe von a an!

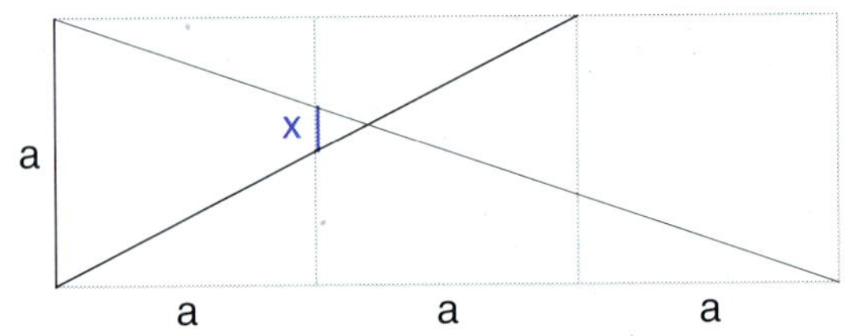

Lösungen

11. a) 120 Bretter b) 480 Bretter c) 144 Bretter Der Zaun ist 28,80 m lang.
12. Alle Würfel haben die gleiche Dichte (1 cm^3 ≙ 5 g).
13. a) 84° b) auf alle Fälle nicht 124°, sondern maximal 100°
14. a : b = 5 : 6 und (a + 3) : (b + 3) = 7 : 8 Die Lösung dieses Gleichungssystems liefert a = 7,5 und b = 9.
15. a) $x = \frac{1}{6}a$

1

a) 40 m – 403 cm = ______

b) $2x + 10 = 20$ $x =$ ______

c) $x^2 - 144 = 0$ $x_{1/2} =$ ______

d) Runde 41 352 auf Hunderter! ______

e) $x^2 + 5x = 0$ $x_1 =$ ______ $x_2 =$ ______

f) Flächenformel des Trapezes: ______

g) $\sqrt{20} \cdot \sqrt{180} =$ ______

h) ein Viertel von einem Viertel: ______

i) Rechne 10 000 g in Dezitonnen um! ______

j) M_1 = {Menge der Parallelogramme} Gilt $M_1 \subset M_2$
M_2 = {Menge der Trapeze}? oder $M_2 \subset M_1$? ______

2 Gib die folgenden bequemen Prozentsätze als Bruch und als Dezimalbruch an!
Lerne sie auswendig, wenn du sie noch nicht kennst!

$1\,\% = \frac{1}{100} = 0{,}01$

a) 2 % = ☐ = ☐ b) 12,5 % = ☐ = ☐

c) 10 % = ☐ = ☐ d) 4 % = ☐ = ☐ e) 25 % = ☐ = ☐

f) 20 % = ☐ = ☐ g) 5 % = ☐ = ☐ h) 50 % = ☐ = ☐

i) 200 % = ☐ = ☐ j) % = ☐ = ☐ k) $2\frac{1}{2}$ % = ☐ = ☐

l) 40 % = ☐ = ☐ m) 60 % = ☐ = ☐ n) 75 % = ☐ = ☐

o) $3\frac{1}{3}$ % = ☐ = ☐ p) $33\frac{1}{3}$ % = ☐ = ☐ q) $66\frac{2}{3}$ % = ☐ = ☐

Berechne 12,5 % von 880 €

Ich nutze bequeme Prozentsätze zum Berechnen des Prozentwertes:

12,5 % sind $\frac{1}{8}$ des Grundwertes.

$\frac{1}{8}$ von 880 € sind 110 €.

Das klappt aber nicht immer! Ich nehme lieber den Dreisatz:

100 % ≙ 880 €
1 % ≙ 8,80 €
12,5 % ≙ 8,80 · 12,5 € = 110 €

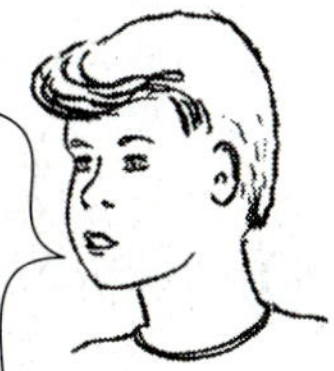

Und ich bin ein Formeltyp! Ich nutze die Grundgleichung der Prozentrechnung:

$\frac{W}{G} = \frac{p}{100} \Rightarrow W = \frac{p \cdot G}{100}$

$W = \frac{12,5 \cdot 880\ €}{100} = 110\ €$

3 Die Frachtkosten einer Sendung machen 3 % des Rechnungsbetrages von 1560,– € aus.
Wie hoch sind sie?

4 Ein Lieferant gewährt auf einen Rechnungspreis von 6420,– € einen Preisnachlass von 15 %.
Wie hoch ist der Rechnungsabzug?

Lösungen

2. a) $\frac{1}{50} = 0{,}02$ b) $\frac{1}{8} = 0{,}125$ c) $\frac{1}{10} = 0{,}1$ d) $\frac{1}{25} = 0{,}04$ e) $\frac{1}{4} = 0{,}25$ f) $\frac{1}{5} = 0{,}2$
g) $\frac{1}{20} = 0{,}05$ h) $\frac{1}{2} = 0{,}5$ i) 2 = 2 j) $\frac{1}{200} = 0{,}005$ k) $\frac{1}{40} = 0{,}025$ l) $\frac{2}{5} = 0{,}4$
m) $\frac{3}{5} = 0{,}6$ n) $\frac{3}{4} = 0{,}75$ o) $\frac{1}{30} = 0{,}0\overline{3}$ p) $\frac{1}{3} = 0{,}\overline{3}$ q) $\frac{2}{3} = 0{,}\overline{6}$

1. a) 35,97 m b) x = 5 c) $x_{1,2} = \pm 12$ d) 41 400 e) $x_1 = 0$; $x_2 = -5$
f) $A = \frac{a+c}{2} \cdot h$ g) 60 h) $\frac{1}{16}$ i) 1 dt j) $M_1 \subset M_2$

3. 46,80 €
4. 963 €

5 Berechne den Prozentwert!

a) 3 % von 240 € = ________ b) 10 % von 660 dt = ________ c) 7,5 % von 1960 € = ________

d) $4\frac{1}{2}$ % von 24 g = ________ e) 20 % von 330 dt = ________ f) 18 % von 196 € = ________

6 Berechne die Transportversicherung (*Hinweis:* 1 ‰ ist 1 von 1000)!

a) $2\frac{1}{3}$ ‰ von 72 600 € = ________ b) $2\frac{1}{2}$ ‰ von 125 800 € = ________

c) $2\frac{1}{4}$ ‰ von 82 400 € = ________ d) $1\frac{1}{4}$ ‰ von 1 120 000 € = ________

Wie viel Prozent sind 36 kg von 45 kg?

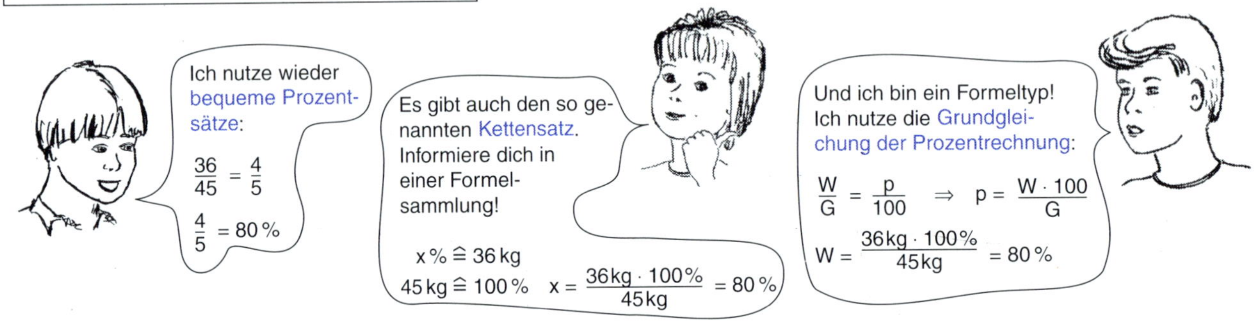

7 In einer Sendung von 800 Eiern sind 40 Brucheier. Wie viel Prozent machen die Brucheier aus?

8 Ein Lieferant gewährt auf einen Rechnungspreis von 6420,– € einen Preisnachlass von 963,– €. Wie viel Prozent sind das?

9 Ein Kaufmann versichert sein Geschäftshaus mit 618 800 € gegen Brandschaden und Diebstahl und zahlt jährlich 1701,70 € Versicherungsprämie. Wie viel Promille sind das?

10 Berechne jeweils den Prozentsatz!

a) 20 t von 500 t = ________ b) 14 € von 70 € = ________ c) 50 m von 200 m = ________

d) 8,4 t von 700 t = ________ e) 14,9 € von 90 € = ________ f) 9,76 ha von 80 ha = ________

g) 3,24 g von 18 g = ________ h) 160 € von 80 € = ________ i) 2,72 kg von 16 kg = ________

j) 0,02 € von 20 € = ________ k) 120 € von 120 € = ________ l) 7,31 t von 81,2 t = ________

m) 13 kg von 16 kg = ________ n) 12 € von 240 € = ________ o) 27,2 g von 160 g = ________

Lösungen

10. a) 4 % b) 20 % c) 25 % d) 1,2 % e) 16,6 % f) 12,2 %
g) 18 % h) 200 % i) 17 % j) 0,1 % = 1 ‰ k) 100 % l) 9 %
m) 81,25 % n) 5 % o) 17 %
7. 5 % 8. 15 % 9. 2,75 ‰
5. a) 7,20 € b) 66 dt c) 147 € d) 1,08 g e) 66 dt f) 35,28 €
6. a) 169,40 € b) 314,50 € c) 185,40 € d) 1400 €

11 Berechne, wie viel Prozent jeweils der Preisnachlass (Rabatt) beträgt!

	a)	b)	c)	d)	e)	f)
Rechnungsbetrag	800,00 €	40,00 €	3000,00 €	120,00 €	75,00 €	4500,00 €
Rabatt	24,00 €	1,65 €	120,00 €	3,00 €	3,00 €	180,00 €
Prozent						

20% sind 120 dt. Wie groß ist der Grundwert?

Ich nutze bequeme Prozentsätze zum Berechnen des Grundwertes:

120 dt sind $\frac{1}{5}$ von G.

Dann ist G = 5 · 120 dt = 600 dt

Das klappt aber nicht immer! Ich nehme lieber den Dreisatz:

20 % ≙ 120 dt
10 % ≙ 60 dt
100 % ≙ 600 dt

Und ich bin ein Formeltyp! Ich nutze die Grundgleichung der Prozentrechnung:

$\frac{W}{G} = \frac{p}{100} \Rightarrow G = \frac{W \cdot 100}{p}$

$G = \frac{120\,dt \cdot 100}{20} = 600\ dt$

12 Von einer Rechnung werden 2 % Skonto = 23,60 € abgezogen. Wie groß war der Rechnungsbetrag? (Unter Skonto versteht man einen Rechnungsabzug bei sofortiger Zahlung.)

13 Nach einer Gehaltserhöhung von 6 % verdient ein Angestellter 120,– € brutto mehr. Wie hoch war sein ursprüngliches Gehalt?

14 Berechne den Grundwert!

a) 2 t sind 2 % von G G = ________ b) 80 ha sind 20 % von G G = ________

c) 12 t sind 3 % von G G = ________ d) 60 ha sind 4,4 % von G G = ________

e) 11 t sind 5 % von G G = ________ f) 80 ha sind 200 % von G G = ________

15 Für Waren gilt: Bruttogewicht (100 %) = Nettogewicht + Tara (Verpackungsgewicht)
Berechne jeweils das Brutto- und Nettogewicht!

	Bruttogewicht	Nettogewicht
a) 2,5 % = 1,85 kg Tara		
b) 12,5 % = 14,5 kg Tara		
c) 8 % = 73,5 kg Tara		
d) 9,5 % = 13,3 kg Tara		

Lösungen

14. a) 100 t b) 400 ha c) 400 t d) 1363,$\overline{63}$ ha e) 220 t f) 40 ha
11. a) 3 % b) $4\frac{1}{8}$ % c) 4 % d) 2,5 % e) 4 % f) 4 %
15. a) 74 kg; 72,150 kg b) 116 kg; 101,5 kg c) 882 kg; 808,5 kg d) 140 kg; 126,7 kg
12. 1180 € 13. 2000 €

16 Eine Rechnung wird nach Abzug von 3 % Skonto mit 8051,– € bezahlt. Wie hoch ist der Rechnungsbetrag?

97 % = 8051 €
1 % =
100 % =

Antwortsatz:

17 Ermittle das Bruttogewicht! (Vergleiche auch Aufgabe 15, S. 49 und Aufgabe 16, S. 50.)

	Nettogewicht	Tara	Bruttogewicht
a)	4032 kg	4 %	
b)	276,900 kg	2,5 %	
c)	1491,350 kg	12,5 %	
d)	841,120 kg	$6\frac{2}{3}$ %	
e)	637 kg	4,5 %	

18 Im Winterschlussverkauf werden die Preise für Kleidungsstücke um einen bestimmten Prozentsatz herabgesetzt. Bekannt ist der neue Verkaufspreis. Berechne jeweils den alten Preis!

	neuer Preis	Verlust	alter Preis
a)	400,00 €	20 %	
b)	112,50 €	50 %	
c)	123,45 €	100 %	
d)	66,30 €	15 %	
e)	30,25 €	$8\frac{1}{3}$ %	

19 Das Gehalt eines Angestellten wurde um 6 % erhöht. Er verdient jetzt 2014,– €. Wie hoch war sein ursprüngliches Gehalt?

106 % = 2014 €
1 % =
100 % =

Antwortsatz:

20 Die Jahreszinsen von 6 % werden am Jahresende den Spareinlagen zweier Geschwister gutgeschrieben, sodass die Sparbeträge jetzt

a) 483,89 € für Mario

b) 511,98 € für Maria

betragen.
Wie hoch waren die Spareinlagen am Jahresanfang?

Lösungen

17. a) 4200 kg b) 284 kg c) 1704,400 kg d) 901,200 kg e) ≈ 667 kg
20. a) 456,50 € b) 483,00 € 16. 8300
19. 1900 €
18. a) 500 € b) 225 € c) nicht möglich d) 78 € e) 33 €

21 Vervollständige die Tabelle!

	a)	b)	c)	d)	e)	f)	g)
alter Preis	24,00 €	0,95 €	9,60 €	426,00 €	157,50 €	18,40 €	125,00 €
neuer Preis	26,40 €	1,16 €	12,00 €	479,25 €	189,00 €	€	€
Steigerung um	%	%	%	%	%	12,5 %	%
Steigerung auf	%	%	%	%	%	%	110 %

22 Berechne!

a) 4 t sind 2 % von G G = ____________

b) 10 % von 88 € = ____________

c) 2 dt sind 5 % von G G = ____________

d) 8 dt von 80 dt = ____________

e) 3 dt sind $33\frac{1}{3}$ % von G G = ____________

f) 5 % von 420 ha = ____________

g) 5 Cent sind 1 % von G G = ____________

h) 10 dt von 80 dt = ____________

i) 50 % von 120 h = ____________

j) 4 kg von 16 kg = ____________

23 Im Preis einer Ware ist immer die Mehrwertsteuer – allgemein 16 %, oft auch 7 % (z. B. für Bücher) – enthalten. Berechne jeweils den konkreten Betrag der Mehrwertsteuer!

	a)	b)	c)	d)	e)	f)
Ladenpreis	24,99 €	299,95 €	299,95 €	426,00 €	1,99 €	1,99 €
Mehrwertsteuer in Prozent	16 %	16 %	7 %	16 %	7 %	16 %
Mehrwertsteuer in Euro	%	%	%	%	%	%

24 Berechne die folgenden Jahreszinsen! Es sollen keine Zinseszinsen berücksichtigt werden.

	a)	b)	c)	d)	e)	f)	g)
Kapital	800,00 €	3000,00 €	525,90 €	350,00 €	23900 €	23900 €	3408,00 €
Zinssatz	6 %	$3\frac{1}{3}$ %	4 %	6,5 %	5,75 %	4,75 %	2,75 %
Anzahl der Jahre	4	5	1	3	3	2	4
Jahreszinsen							

25 Wie viel Euro betragen die Zinsen für 6 300 € zu 4 % für 126 Tage?

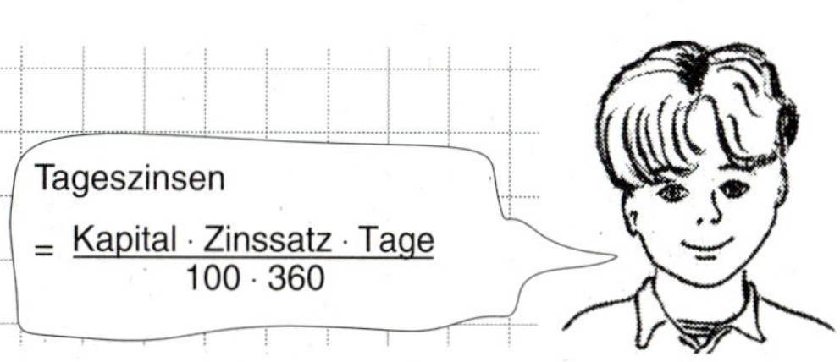

Lösungen

24. a) 192 € b) 500 € c) 21,04 € d) 68,25 € e) 4122,75 € f) 2270,50 € g) 374,88 €

23. a) 3,45 € b) 41,37 € c) 19,62 € d) 58,76 € e) 0,13 € f) 0,27 €

21. a) 10 %; 110% b) 22,1 %; 122,1 % c) 25 %; 125 % d) 112,5%; 112,5 %
e) 20 %; 120 % f) 20,70 €; 112,5 % g) 137,50 €; 10 %

22. a) 200 t b) 8,80 € c) 2 t d) 10 % e) 9 dt f) 21 ha g) 5 € h) 12,5 % i) 60 h j) 25 %

26 Für die Handelskalkulation gilt vereinfacht:

Bezugspreis + Geschäftskosten = Selbstkostenpreis;
Selbstkostenpreis + Gewinn= Nettoverkaufspreis;
Nettoverkaufspreis + Mehrwertsteuer = Endpreis.

Ein Fachgeschäft erhält eine Lieferung von 20 Kühlschränken zum Bezugspreis von je 250,– €. Für die Festlegung des Endpreises werden kalkuliert: 30 % des Bezugspreises für Geschäftskosten, 25 % des Selbstkostenpreises für Gewinn, 16 % Mehrwertsteuer vom Nettoverkaufspreis.

a) Wie hoch ist der Endpreis für einen Kühlschrank?

b) Berechne die Mehrwertsteuer, die an das Finanzamt abzuführen ist, wenn alle 20 Kühlschränke verkauft sind!

27 Paul erhält von seinen Eltern 1000,– €, die er auf einem Sparkonto über 4 Jahre anlegen soll. Er kann zwischen zwei Angeboten auswählen:

(I) 4,3 % Zinsen pro Jahr; die Zinsen werden jährlich ausgezahlt;

(II) 4,0 % Zinsen pro Jahr; die Zinsen werden jährlich gutgeschrieben und mit verzinst.

a) Für welches Angebot sollte sich Paul entscheiden?

b) Der effektive Jahreszins von Angebot (I) ist 4,3 %. Wie hoch ist der effektive Jahreszins von (II)?

28 Bei den Wahlen zum Landtag entfielen in einem Wahlkreis die folgenden gültigen Listenstimmen auf die Parteien: A – 17344 Stimmen; B – 16312 Stimmen; C – 13255 Stimmen; D – 2580 Stimmen; Sonstige – 1830 Stimmen

a) Wie viel Prozent aller gültigen Listenstimmen entfielen auf die einzelnen Parteien?

b) Stelle das Ergebnis der Landtagswahlen in einem Kreisdiagramm dar!

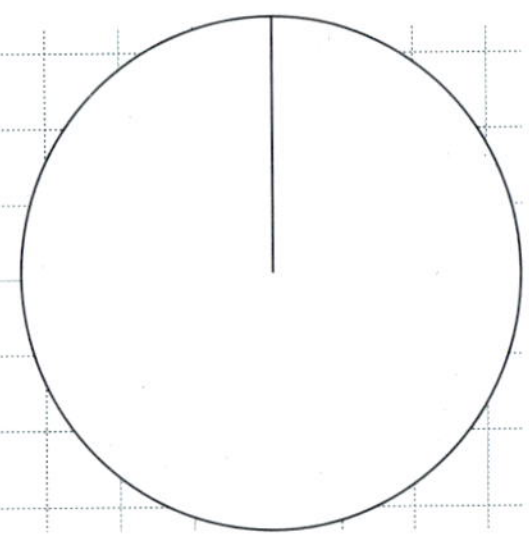

Lösungen

28. a) A – 33,8 %; B – 31,8 %; C – 25,8 %; D – 5,0 %; Sonstige – 3,6 %
b) A – 121,7°; B – 114,5°; C – 92,9°; D – 18,0°; Sonstige – 12,9°
26. a) 471,25 € b) 1300 €
27. a) Paul wird wahrscheinlich Angebot B wählen, denn hier erhält er insgesamt 170 € Zinsen, bei Angebot A nur 172 €.
b) 4,39 %

1
a) $10 - 105 =$ ______
b) $12{,}5\,\%$ von $880\ € =$ ______
c) $(-3) \cdot (-4) + 12 =$ ______
d) $x + 7 < 11;\ (x \in \mathbb{N}),\ L =$ ______
e) $\frac{1}{3} + \frac{1}{5} =$ ______
f) $2{,}75\ h \mathrel{\widehat{=}} x\ min;\quad x =$ ______
g) $\sqrt{10} \cdot \sqrt{160} =$ ______
h) ein Viertel von einem Viertel: ______
i) Definiere den Begriff „Ungleichung"! ______
j) Löse das Gleichungssystem im Kopf!
(I) $x + y = -3$
(II) $y = 2$
______

2 Fasse zusammen!
a) $a + a + a + a =$ ______
b) $2a + 12a + 2b + 12b =$ ______
c) $a + b + 2a + c =$ ______
d) $2a - 12a + 2b - 12b =$ ______
e) $\frac{1}{3}a + \frac{2}{3}a + 99a =$ ______
f) $x + y + 2x - 3x - y =$ ______

3 Fülle folgende Tabelle aus!

a	4	−2		0,2	2	100	$3\sqrt{3}$	−1,1
b	0,4	−4	4,8	$\frac{1}{10}$		−1000	$\sqrt{3}$	2,2
3(a – b)			0		3			

4 Berechne!
a) $x - (x + 1) - (x + 2) - (-x - 3) =$ ______
b) $x + (x + 1) + (x + 2) - (-x + 3) =$ ______
c) $x - (x + 1) - (x + 2) - (-x + 3) =$ ______
d) $-(x + 3) + (x - 4) =$ ______
e) $(x + 3) - (x + 4) =$ ______

5 Berechne!
a) $(a - b)(a + b) + (b - a)(b + a) =$ ______
b) $(a - b)^2 - (a + b)^2 =$ ______
c) $(a + 3)^2 - (a - 3)^2 =$ ______
d) $(a - 3)(a + 3) + 9 =$ ______
e) $(x + 3)^2 - (x + 4)^2 =$ ______

Lösungen

1. a) −95 b) 110 € c) 24 d) L = {0; 1; 2; 3} e) $\frac{8}{15}$ f) 165 min
g) 40 h) 2 : c i) 2 Terme, die durch <, > oder ≠ verbunden sind k) x = −5; y = 2
2. a) 4a b) 14a + 14b c) 3a + b + c d) −10a −10b e) 100a f) 0
3.

a	4	−2	4,8	0,2	2	100	$3\sqrt{3}$	−1,1
b	0,4	−4	4,8	0,1	1	−1000	$\sqrt{3}$	2,2
3(a – b)	10,8	6	0	0,3	3	3300	$6\sqrt{3}$	−9,9

4. a) 0 b) 4x c) −6 d) −7 e) −1
5. a) 0 b) −4ab c) 12a d) a^2 e) −2x−7

6 Schreibe als Produkt!

a) $3a + 3b =$ ______ b) $63b^3 + 56ab =$ ______ c) $63b^3 + 56ab =$ ______

d) $u^2 - u =$ ______ e) $h^2nu + ehiu =$ ______ f) $h^2nu + ehiu =$ ______

7 Bilde die quadratische Ergänzung!

a) $x^2 + 4x = (x + 2)^2 -$ ___ b) $x^2 + 100x =$ ______ c) $a^2 + 400a =$ ______

d) $4x^2 + 100x =$ ______ e) $x^2 + 0{,}2x =$ ______ f) $x^2 + 0{,}01x =$ ______

8 Es gelte $(a + b) : 5 = c$. Ergänze die Tabelle!

a	$7x$	$15v$	$0{,}25x^2$	$c + 4d$	$5\sqrt{3}$	
b	$13x$	$25w$	$1{,}75x^2$	$4c + d$	$15\sqrt{3}$	$20a$
c						$4a + 4b$

9 Berechne jeweils den Wert des Terms für $a = 1{,}5$ und $b = 2{,}7$!

a) $\frac{a+b}{b-2a}$ b) $\sqrt{\frac{5b}{9a} + 3}$ c) $\frac{a^2 - b^2}{a - b}$

10 Stelle die Formeln nach den jeweils angegebenen Variablen um!

a) $F = m \cdot a$ $a =$ ______

b) $W_{pot} = m \cdot g \cdot h$ $h =$ ______

c) $v = \frac{s}{t}$ $t =$ ______

d) $u = a + b + c$ $a =$ ______

e) $V = \frac{4}{3}\pi r^3$ $r =$ ______

f) $A = \frac{a+c}{2} \cdot h$ $a =$ ______

Lösungen

6. a) $3(a + b)$ b) $7b(9b^2 + 8a)$ c) $8x(2x - 1)$ d) $u(u - 1)$ e) $hu(hn + ei)$ f) $(4x - 7)(4x + 7)$

7. a) 4 b) 2500 c) 40000 d) 625 e) 0,01 f) 0,000025

8.

a	$7x$	$15v$	$0{,}25x^2$	$c + 4d$	$5\sqrt{3}$	$20b$
b	$13x$	$25w$	$1{,}75x^2$	$4c + d$	$15\sqrt{3}$	$20a$
c	$4x$	$3v + 5w$	$0{,}4x^2$	$c + d$	$4\sqrt{3}$	$4a + 4b$

9. a) -14 b) 2 c) $(a + b) = 4{,}2$

10. a) $a = \frac{F}{m}$ b) $h = \frac{W_{pot}}{m \cdot g}$ c) $\frac{s}{v}$ d) $a = u - b - c$ e) $\sqrt[3]{\frac{3V}{4\pi}}$ f) $\frac{2A}{h} - c$

11 Für welche reellen Zahlen a sind folgende Terme nicht definiert?

a) $\frac{2}{a}$ ______ b) $\frac{4}{a-3}$ ______ c) $\frac{a}{3-a}$ ______ d) $\frac{7}{15-6a}$ ______

e) $2+\frac{4}{3a}$ ______ f) $\frac{1}{a^2-4}$ ______ g) $\frac{1}{a^2+4}$ ______ h) $\frac{1}{a+a+4}$ ______

i) $\sqrt{a}$ ______ j) $\sqrt{10-a}$ ______ k) $\frac{1}{\sqrt{5-a}}$ ______ l) $\frac{1}{3\cdot a-1}$ ______

12 Ermittle jeweils z!

a) $14x^2 - 28xy + z = 14x(x - 2y + 1)$ ______

b) $36a^2 - z + 25b^2 = (6a - 5b)^2$ ______

c) $18u - 54u^2 + 9uv = z(2 - 6u + v)$ ______

13 Für welche reellen Zahlen nehmen die folgenden Terme den kleinsten Wert an?

a) $(x+2)^2$ ______ b) x^2+2 ______ c) $|x| - \frac{3}{2}$ ______ d) $|x - \frac{3}{2}|$ ______

14 Löse die Klammern auf!

a) $3x + (2x - a)$ ______

b) $3a - (3a + 5b)$ ______

c) $3(a - 2b) \cdot 2a$ ______

d) $\frac{3}{2}x(\frac{2}{3}ax - 2b)$ ______

e) $-\frac{7}{8}x(16x - \frac{8}{14})$ ______

f) $\frac{3}{4}r(-4r^2 + \frac{4}{r} - \frac{4}{3}r)$ ______

g) $(a - b)(3x - y)$ ______

h) $(-a + \frac{1}{2})(\frac{5}{2}y - 7x)$ ______

i) $(3 + x)(a - 2b - c)$ ______

j) $n[1 - (k - l)]$ ______

Lösungen

11. a) 0 b) 3 c) 3 d) 2,5 e) 0 f) 2; −2 g) immer def. h) −2
i) < 0 j > 20 k) ≥ 5 l) $\frac{1}{3}$

12. a) $z = 14x$ b) $60ab$ c) $9u$

13. a) $x = -2$ b) $x = 0$ c) $x = 0$ d) $x = \frac{3}{2}$

14. a) $5x - a$ b) $-5b$ c) $6a^2 - 12ab$ d) $ax^2 - 3bx$
e) $-14x^2 + \frac{1}{2}x$ f) $-3r^3 + 3 - r^2$ g) $3ax - ay - 3bx + by$ h) $-\frac{5}{2}ay + 7ax + \frac{5}{4}y - \frac{7}{2}x$
i) $3a - 6b - 3c + ax - 2bx - cx$ j) $mn - kmn + lmn$

15 Forme jeweils die Summe in ein Produkt um!
Kontrolle: Die Summe der ausgeklammerten ganzzahligen Faktoren ist 12.

a) $3i + 2k - 5i - 3k + 7i - 4k$ ________________

b) $4{,}1x - 2{,}9y + 1{,}5z + 0{,}9x - 2{,}1y + 3{,}5z$ ________________

c) $\frac{1}{2}u + \frac{1}{3}v - \frac{3}{2}u + \frac{2}{3}v + 3u + v$ ________________

16 Gib jeweils eine Darstellung unter Verwendung von Variablen an!

a) der Nachfolger der Zahl n ________________

b) alle geraden natürlichen Zahlen ________________

c) alle ungeraden natürlichen Zahlen ________________

d) alle ungeraden natürlichen Zahlen zwischen 2 und 12 ________________

e) alle reellen Zahlen zwischen −4 und 5,2 ________________

f) alle reellen Zahlen, deren Quadrat größer als 9 ist ________________

g) das Produkt zweier Zahlen ________________

h) alle ungeraden ganzzahligen Vielfachen von $\frac{\pi}{2}$ ________________

17 Klammere gemeinsame Faktoren aus!

a) $3a + 5ab$ ________________

b) $7mn - 2m^2n - \frac{1}{2}mn^2$ ________________

c) $12rs - 4r^2s^2 + 4rs$ ________________

d) $\pi r_1 s + \pi r_2 s$ ________________

e) $9a^2b^2 - 6a^2b - 3a^2b^3 + 12ab$ ________________

f) $0{,}24m^2n^2 - 0{,}64m^2n^3 + 0{,}8m^2n$ ________________

18 Wandle in ein Produkt um!

a) $6ab + 2ac + 15b + 5c$ ________________

b) $4aq + 10bq - 2ap - 5bp$ ________________

c) $x^2 - 15x + 54$ ________________

d) $x^2 - 15x - 54$ ________________

Lösungen

15. a) $5(i - k)$ b) $5(x - y + z)$ c) $2(u + v)$
16. a) $n + 1$ b) $2n$ mit $n \in \mathbb{N}$ c) $2n + 1$ mit $n \in \mathbb{N}$ d) $2 < 2n + 1 < 12$ mit $n \in \mathbb{N}$
e) $-4 < x < 5{,}2$ mit $x \in \mathbb{R}$ f) $x^2 > 9$ mit $x \in \mathbb{R}$ g) $a \cdot b$ h) $(2k - 1)\frac{\pi}{2}$ mit $n \in \mathbb{Z}$
17. a) $a(3 + 5b)$ b) $mn(7 - 2m - \frac{1}{2}n)$ c) $4rs(3 - rs + 1)$ d) $\pi s(r_1 + r_2)$
e) $3ab(3ab - 2a - ab^2 + 4)$ f) $0{,}8m^2n(0{,}3n - 0{,}8n^2 + 1)$
18. a) $(2a + 5)(3b + c)$ b) $(2a + 5b)(2q - p)$ c) $(x - 6)(x - 9)$ d) $(x + 3)(x - 18)$

1
a) $27xy : 9y =$ ______
b) $10^{10} \cdot 0{,}1^{10} =$ ______
c) $\sqrt{10} \cdot \sqrt{1000} =$ ______
d) $33\frac{1}{3}$ % von 630 kg = ______
e) $\sqrt{10} : \sqrt{1000} =$ ______
f) $0{,}26 \cdot 0{,}1 =$ ______
g) Nenne die Glieder einer Differenz! ______
h) Löse nach y auf! $x + 2y = 6$ ______
i) Berechne Umfang und Flächeninhalt eines Quadrates mit der Seitenlänge a = 1,4 cm! ______
j) Wann kommt ein Bus in B an, der 9.20 Uhr in A wegfährt und eine Dreiviertelstunde unterwegs ist? ______

2 Gib die Lösungsmengen folgender Gleichungen an ($x \in \mathbb{R}$)!
a) $x^2 = 16$ ______
b) $x^2 + 25 = 0$ ______
c) $\sqrt{16} = x$ ______
d) $x^2 - 9 = 0$ ______
e) $x - 199 = 9$ ______
f) $x^2 - 10 = 0$ ______

3 Löse die folgenden linearen Gleichungen!
a) $3x + 3 = -x + 7$
b) $3x - 2(4 - x) = 52$
c) $5a + 3 = a + 7$

4 Berechne die Nullstellen der gegebenen Funktionen im Kopf!
a) $y = x - 3$ ______
b) $y = x^2 + 4x + 4$ ______
c) $y = x^2 - 25$ ______
d) $y = x^2 + 2x - 3$ ______

5 Durch die Gleichung $y = x^2 - 6x + q$ ($x, q \in \mathbb{R}$) sind Funktionen gegeben.
Ermittle alle reellen Zahlen q, die man in die Funktionsgleichung einsetzen kann, sodass die damit bestimmten Funktionen keine Nullstellen haben!

Lösungen

1. a) $3x$ b) 1 c) 100 d) 210 kg e) 0,1 f) 0,026
g) Minuend, Subtrahend h) $y = \frac{6-x}{2}$ i) u = 5,6 cm; A = 1,96 cm² j) 10.05 Uhr
2. a) $L = \{+4; -4\}$ b) $L = \emptyset$ c) $L = \{4\}$ d) $L = \{+3; -3\}$ e) $L = \{190\}$ f) $L = \{+\sqrt{10}; -\sqrt{10}\}$
4. a) $x = 3$ b) $x_{1,2} = -2$ c) $x_1 = 5; x_2 = -5$ d) $x_1 = 1; x_2 = -3$
3. a) $x = 1$ b) $x = 12$ c) $a = 1$
5. $D = \sqrt{\frac{p^2}{4}} - q < 0 \Rightarrow q > 9$

6 Löse die folgenden Ungleichungen ($x \in \mathbb{R}$)!

a) $3x + 4 < x + 6$ b) $\frac{1}{3}x + 4 < x + 6$ c) $x + 4 < x + 6$

7 Gib jeweils die Lösungsmenge an!

a) $x + 3 = 2x + 4$ ________

b) $2(x + 3) = 3(x + 4)$ ________

c) $x + 3x + 5x = 10$ ________

d) $x + 3 < x + x - 6$ ________

e) $x < x + 2(x - 6)$ ________

f) $x + 4 < x + 10$ ________

g) $x - (x - 3) < x - 4$ ________

h) $x^2 + x = 2$ ________

8 Forme die folgenden Gleichungen nach a um!

a) $\frac{a}{b} - c = d$ $(b \neq 0)$ ________

b) $\frac{b - c}{a} = d$ $(a, d \neq 0)$ ________

c) $\frac{a - c}{b} = d$ $(b \neq 0)$ ________

d) $\frac{b}{a} - c = d$ $(a \neq 0; c \neq -d)$ ________

9 Gegeben sind folgende Ungleichungen ($x \in \mathbb{N}$):

(1) $5x + 5 < x + 25$

(2) $12x - (x - 1) > 5x + 3$

a) Welche natürlichen Zahlen sind Lösung von (1)?

b) Welche einstelligen natürlichen Zahlen sind Lösung von (2)?

c) Welche natürlichen Zahlen sind Lösung von (1) *und* (2)?

Lösungen

6. a) $x < 1$ c) Alle reellen Zahlen erfüllen die Ungleichung.
   b) (die gesamte Ungleichung mit 3 multiplizieren) $\Rightarrow x + 12 < 3x + 18 \Rightarrow -2x < 6 \Rightarrow x > -3$
7. a) $x = -1$ b) $x = -6$ c) $x = \frac{10}{9}$ d) $x > 9$ e) $x > 6$ f) $L = \varnothing$ g) $x > 7$ h) $x = 0{,}5$
8. a) $b(c + d)$ b) $\frac{b - c}{d}$ c) $bd + c$ d) $\frac{b}{c + d}$
9. a) $L = \{0; 1; 2; 3; 4\}$ b) $L = \{1; 2; 3; 4; 5; 6; 7; 8; 9\}$ c) $L = \{1; 2; 3; 4\}$

10 L sei die Lösungsmenge der Ungleichung $2x - (8 - x) < 8(2x + 3)$.
Gib für jede der sechs Zahlen an, ob sie zur Lösungsmenge gehören oder nicht!
-8; 3; 0; $-\frac{1}{2}$; -4; $5{,}2$

11 Wie kann man die Innenwinkel eines Dreiecks, von dem die drei Seiten bekannt sind, berechnen?
Gib nur jeweils den Ansatz an!

Ein Gleichungssystem kann auf verschiedene Art und Weise gelöst werden.
Gegeben sei nebenstehendes Gleichungssystem.

$$\begin{aligned} 2x + y &= 3 \\ x - y &= 6 \end{aligned}$$

Gleichsetzungsverfahren

Die beiden Gleichungen werden nach einer Variablen umgeformt und gleichgesetzt. Die erhaltene Gleichung wird gelöst und mit dieser Lösung der andere Wert errechnet.

$y = 3 - 2x$
$y = x - 6$
$3 - 2x = x - 6$
$\Rightarrow \quad x = 3$
$\Rightarrow \quad y = -3$

Einsetzungsverfahren

Eine Gleichung wird nach einer Variablen umgeformt und der erhaltene Ausdruck in die andere Gleichung eingesetzt.

$y = 3 - 2x$
$x - (3 - 2x) = 6$
$x - 3 + 2x = 6$
$\Rightarrow \quad x = 3$
$\Rightarrow \quad y = -3$

Additionsverfahren

Die beiden Gleichungen werden so addiert oder subtrahiert, dass eine Variable wegfällt. Oft muss man dazu noch eine Gleichung mit einer Zahl multiplizieren.

$$\begin{aligned} 2x + y &= 3 \\ +\ (x - y &= 6) \\ \hline 3x + 0 &= 9 \end{aligned}$$

$\Rightarrow \quad x = 3$
$\Rightarrow \quad y = -3$

12 Löse die folgenden Gleichungssysteme!

a) $x - y = -10$
$2x + y = 13$

b) $x = 3y$
$x + y = 20$

c) $2x + 3y = -33$
$x + 10 = 19 + y$

Lösungen

0. $-8 \notin L$ $3 \in L$ $0 \in L$ $-\frac{1}{2} \in L$ $-4 \notin L$ $5{,}2 \in L$ $(x > -4)$

11. $\cos\gamma = \frac{a^2 + b^2 - c^2}{2ab}$ $\sin\beta = \frac{b \cdot \sin\gamma}{c}$ $\alpha = 180° - (\beta + \gamma)$

12. a) $x = 1$; $y = 11$ b) $x = 15$; $y = 5$ c) $x = -1{,}2$; $y = -10{,}2$

13 Löse die folgenden Gleichungssysteme!

a) $2x + 4y = -20$
$10x + 2y = 26$

b) $x - y = 11$
$x = 3y + 25$

c) $2x + 3y = 13$
$x + 10 = y - 1$

14 Ermittle x für folgende Gleichung! $(2x - 5)(x + 3) = 2x^2 - (3x - 4) + 9$

15 Gegeben ist folgende Ungleichung: $(4x - 3) : 5 < (2x + 1) : 4$ mit $x \in \mathbb{R}$

a) Löse die Ungleichung und stelle die Lösungsmenge grafisch dar!

b) Welche natürlichen Zahlen erfüllen die Ungleichung?

16 Berechne die Länge der Strecke x in der gegebenen Figur!

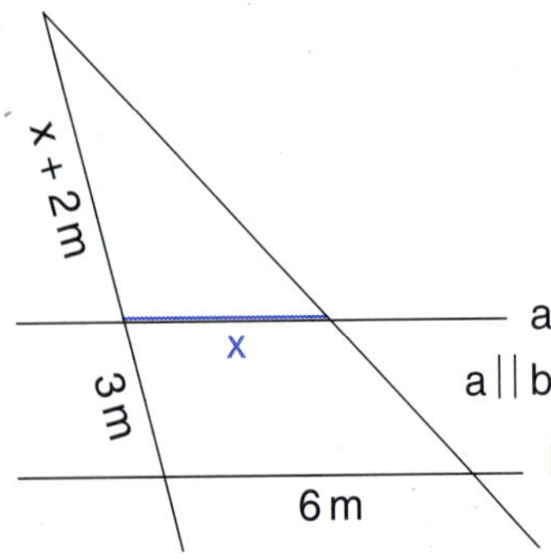

Lösungen

13. a) $x = 4;\ y = -7$ b) wie a) c) $x = -4;\ y = 7$

14. $x = 7$

15. a) $x < \frac{17}{6}$; Darstellung:

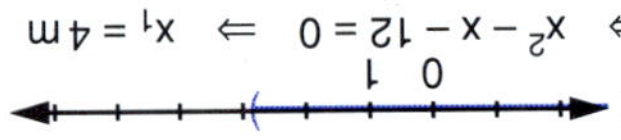

b) $L = \{0; 1; 2\}$

16. $(x + 2) : x = (x + 5) : 6 \Rightarrow x^2 - x - 12 = 0 \Rightarrow x_1 = 4\,m$ ($x_2 = -3\,m$ entfällt)

1 a) Konstruiere ein Dreieck ABC mit den Seiten a = 4 cm, c = 6 cm und der Höhe h_c = 3 cm!

b) Berechne den Flächeninhalt dieses Dreiecks!

c) Wie groß ist die Höhe h_a zur Seite a?

2 Gegeben ist ein Kreis mit dem Radius r = 1 cm. Um ihn herum wurden konzentrische Kreise so gezeichnet, dass jeder der entstehenden Kreisringe den gleichen Flächeninhalt wie der Ausgangskreis besitzt.

a) Gib die Radien r_1 und r_2 der konzentrischen Kreise an!

b) Wie groß ist der Flächeninhalt des Gesamtkreises?

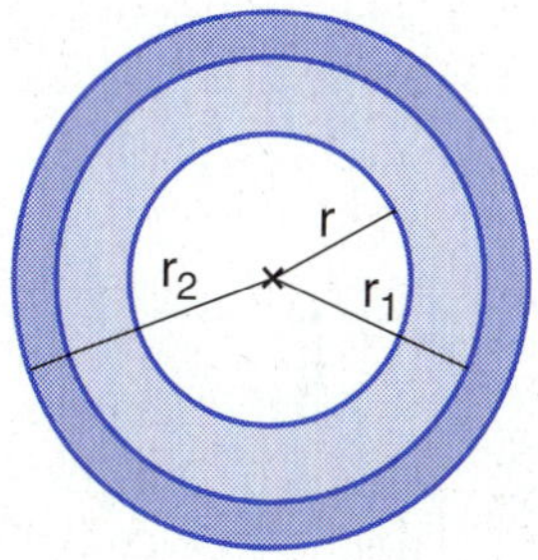

3 Zu einem gleichschenkligen Dreieck ABC mit 12 cm langen Seiten werden Inkreis und Umkreis konstruiert.

a) Wie groß ist die Fläche des Umkreises, die nicht vom Dreieck überdeckt wird?

b) Wie groß ist die Fläche des Dreiecks, die nicht vom Inkreis überdeckt wird?

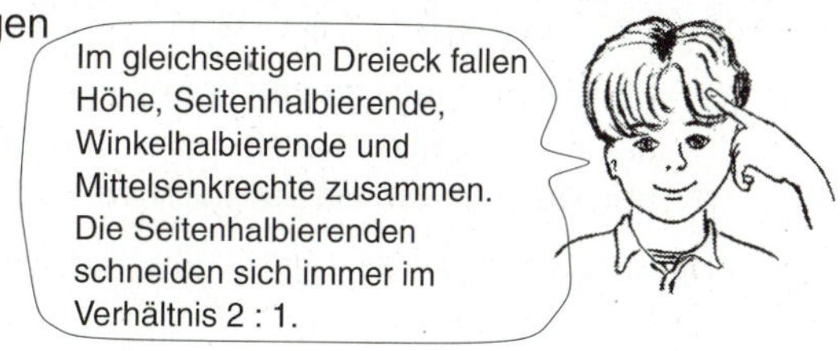

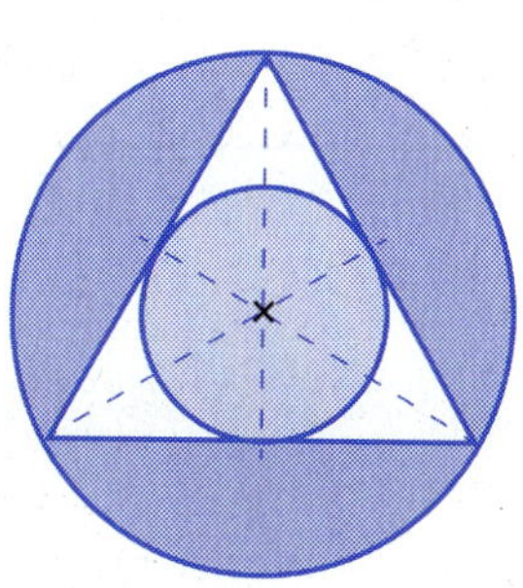

Lösungen

1. b) $A_\Delta = 9\ cm^2$ c) $h_a = 4{,}5$ cm
2. $r_1 = \sqrt{2}$ cm; $r_2 = \sqrt{3}$ cm b) $A_\Delta = 3\pi\ cm^2$
3. $A_\Delta = 62{,}4\ cm^2$; h = 10,39 cm; r_i = 3,464 cm; r_u = 6,928 cm
   a) 88,4 cm^2 b) 24,7 cm^2 (Zur Kontrolle: $A_u = 4 \cdot A_i$)

4 a) Der Keilriemen eines Motors läuft über drei Wellenscheiben W_1, W_2, und W_3. Die Wellenscheiben haben den gleichen Radius r und sind wie in der Skizze angeordnet.
Gib die Länge des passenden Keilriemens ohne aufwändige Rechnungen an!

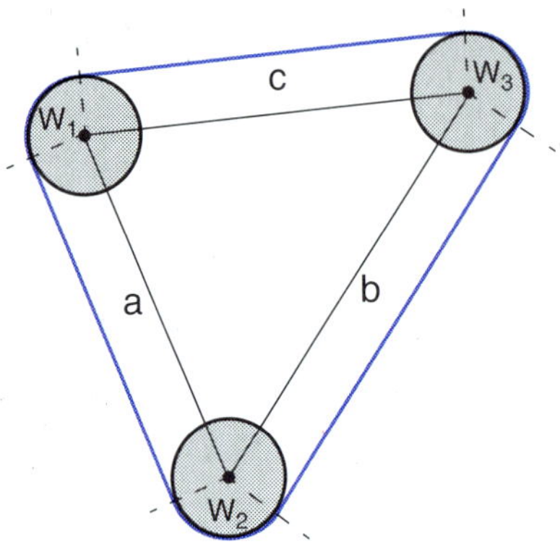

b) In einem anderen Motor läuft der Keilriemen über vier Wellenräder, die in Form eines Drachenvierecks angeordnet sind, dessen Diagonalen (hier sind das die Abstände der Wellenmittelpunkte gegenüberliegender Wellenräder) 40 cm bzw. 25 cm sind.
Die kürzere Diagonale teilt die längere Diagonale im Verhältnis 3 : 1. Die Radien aller vier Wellenräder betragen jeweils 5 cm.
Wie lang ist hier ein passender Keilriemen? (Eine Skizze hilft!)

5 In einem Dreieck betragen das Verhältnis der Längen zweier Seiten 1 : 2 und der von diesen Seiten eingeschlossene Winkel 60°.

Skizze:

a) Wie groß sind die beiden anderen Winkel?

____

b) In welchem Verhältnis steht die dritte Seite zu jeder der beiden anderen Seiten?

____

6 a) Konstruiere ein gleichschenkliges Trapez mit parallelen Seiten von 5,3 cm und 3,8 cm Länge sowie einem Basiswinkel von 64,8°!

b) Berechne Höhe und Flächeninhalt der Figur!

Lösungen

4. a) $l = a + b + c + 2\pi r$ b) $l = 2 \cdot a + 2 \cdot b + 2\pi r = 128{,}5$ cm
5. a) 30° und 90° b) $1 : 2 : \sqrt{3}$ bzw. $\sqrt{3} : 1$ und $\sqrt{3} : 1$
6. b) $h = 1{,}6$ cm c) $A = 7{,}2$ cm²

1 a) $96x^3v : 12x^2v$ = ______

b) $\sqrt{1600000} : \sqrt{4000}$ = ______

c) 150^2 = ______

d) Löse $F = m \cdot a$ nach a auf! ______

e) $5^2 \cdot x^3 \cdot 6^2 \cdot x^{-3}$ = ______

f) $27^2 = 3^x$ x = ______

g) $(6x - b)(6x + b)$ = ______

h) $2x^2 - 800 = 0$ x = ______

i) Wie heißen Vierecke mit gleich langen Seiten?

______

j) Wandle $(2a + 7)^2$ in eine Summe um!

______

2 Von einem Quader (4 cm lang, 3 cm breit und hoch) sind zwei Ecken so abgetrennt worden, dass der dargestellte Restkörper übrig geblieben ist.

a) Skizziere den Ausgangskörper in die Zeichnung!

b) Zeichne ein Zweitafelbild des Restkörpers!

c) Berechne Volumen und Oberflächeninhalt des Restkörpers!

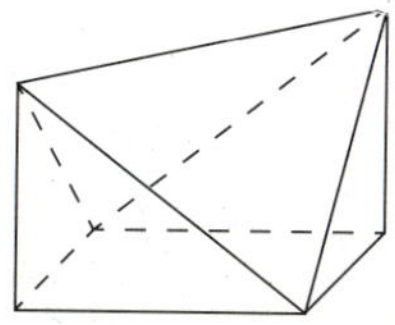

3 Die Grundkanten des Stumpfes einer regelmäßigen vierseitigen Pyramide haben eine Länge von 6 cm, die Deckkanten von 4 cm und die Höhe von 3 cm!

a) Welche Höhe und welches Volumen hat die Gesamtpyramide?

b) Wie viel Prozent des Volumens der Gesamtpyramide hat der Pyramidenstumpf noch?

Lösungen

1. a) $8x$ b) 20 c) 22 500 d) $a = \frac{F}{m}$ e) 900
   f) $x = 6$ g) $36x^2 - b^2$ h) $L = \{-20; +20\}$ i) Rhomben (Rauten) j) $4a^2 + 28a + 49$
3. a) $h = 9$ cm, $V = 108$ cm^2 b) ca. 70 %
2. b) Forme einen ähnlichen Quader aus Knetmasse! Schneide mit einem Messer zwei Ecken ab, du erhältst den Restkörper. Sieh nun von oben und von vorn auf dein Modell und überprüfe so, ob dein Zweitafelbild korrekt ist!
   c) $V = 24$ cm^3; $A_O = 52{,}2$ cm^2; (Die Seiten der Schnittdreiecke sind jeweils 5 cm, 5 cm und 4,2 cm lang.)

4 a) Zeichne jeweils ein Schrägbild der beiden im Zweitafelbild dargestellten Figuren im Maßstab 5 : 1!

(1)

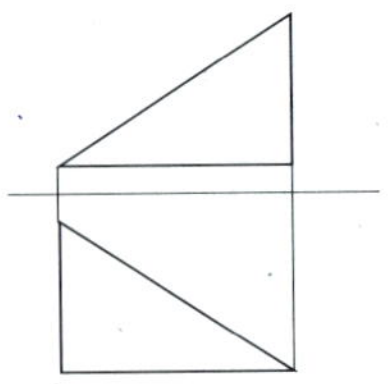

(2)

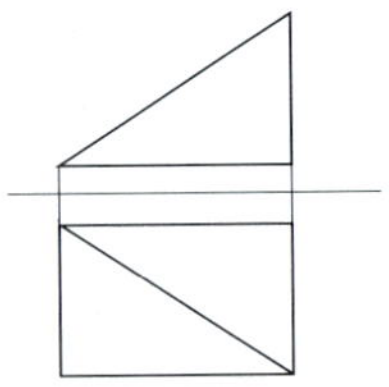

b) Berechne das Volumen und den Oberflächeninhalt der großen Figuren!

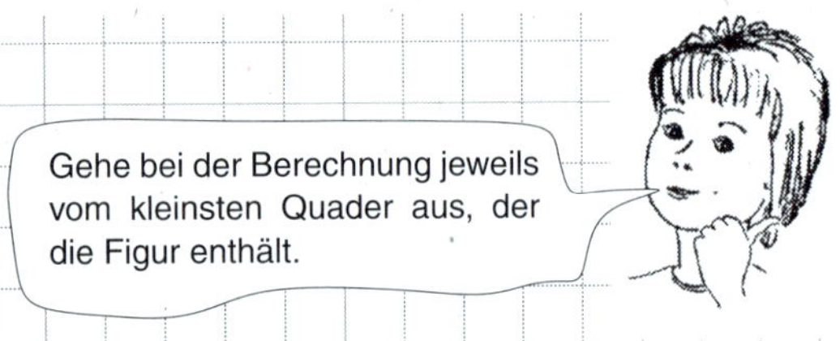

5 Die längste Mantellinie eines schiefen Kegels beträgt 10 cm, die kürzeste 6 cm. Der Durchmesser des Grundkreises beträgt 8 cm. Welches Volumen hat dieser Kegel?

Lösungen

4. a) (1)

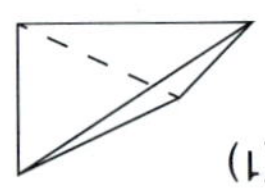

(2)

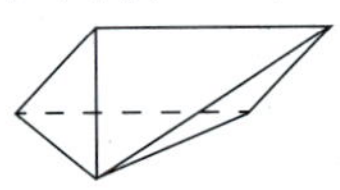

b) (1) $V = 31{,}25\ cm^3$; $A_O = 82{,}55\ cm^2$

(2) $V = 62{,}2\ cm^3$; $A_O = 117{,}8\ cm^2$

5. Das Dreieck, welches von den gegebenen Strecken gebildet wird, ist rechtwinklig, die Höhe des Kegels ist identisch mit der kürzesten Mantellinie. $\Rightarrow$ $V = 100{,}5\ cm^3$

6 Eine sechsseitige regelmäßige Pyramide hat Grundkanten a von 2,5 cm Länge und einen Neigungswinkel der Seitenflächen von 70°.

a) Zeichne für diese Pyramide die Zweitafel- sowie die Schrägbilddarstellung!

b) Bestimme die Pyramidenhöhe und die Seitenflächenhöhe konstruktiv!

c) Überprüfe die in b) erhaltenen Ergebnisse rechnerisch!

d) Berechne das Volumen und die Oberfläche der Pyramide!

7 Ein Kegel (r = 6 cm, h = 8 cm) wird 2,5 cm von der Spitze entfernt parallel zur Grundfläche durchgeschnitten.

a) Berechne den Radius des Schnittkreises!

b) Berechne Volumen und Oberfläche der Spitze und des Restkörpers!

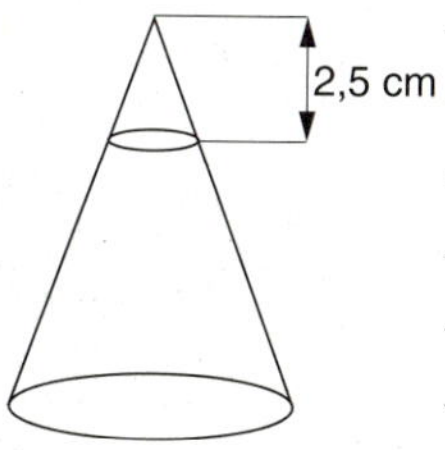

Lösungen

6. c) $h = 5{,}95$ cm; $h_s = 6{,}33$ cm d) $V = 32{,}2\ cm^3$; $A_O = 63{,}71\ cm^2$

7. a) $r_S = 1{,}875$ cm b) Spitze: $V = 9{,}20\ cm^3$; $A_O = 29{,}45\ cm^2$

Stumpf: $V = 292{,}39\ cm^3$; $A_O = 294{,}23\ cm^2$

8 a) Ermittle die fehlenden notwendigen Angaben (Maße) für die folgenden zu einem gegebenen Würfel mit der Kantenlänge a volumengleichen Körper gleicher Höhe:

(1) Zylinder (2) quadratische Pyramide (3) Kegel

b) Vergleiche die Oberflächeninhalte der vier betrachteten Körper miteinander!

9 a) Eine Vollglaskugel mit dem Radius 1 cm wird in eine Glashohlkugel umgearbeitet (Glasblasen). Der innere Hohlraum soll dabei das gleiche Volumen wie die Ausgangskugel haben. Welche Wanddicke hat die Glashohlkugel?

b) Eine Glashohlkugel soll einen Außendurchmesser von 10 cm sowie eine Wandstärke von 1 mm haben. Gib den Durchmesser einer Vollkugel mit gleichem Glasvolumen an, die Ausgangspunkt der Herstellung sein könnte!

10 Gegeben ist ein Würfel mit der Kantenlänge 5 cm. Es werden die Mittelpunkte der Kanten bestimmt. Auf jeder Würfelseite werden die Kantenmittelpunkte verbunden. Jede der sechs Ecken wird nun entlang der Linien abgetrennt.

a) Berechne die durch das Abtrennen einer Ecke entstandene dreieckige Schnittfläche!

b) Berechne das Volumen einer abgetrennten Ecke!

c) Berechne das Volumen des Restkörpers!

d) Hat sich die Oberfläche durch das Abtrennen verkleinert oder vergrößert? Begründe!

Lösungen

10. a) $5{,}41\ cm^2$ b) $2{,}6\ cm^3$ c) $104{,}2\ cm^3$ d) verkleinert von $150\ cm^2$ auf $118\ cm^2$

8. a) (1) $\sqrt{\frac{a^2}{\pi}} = a \cdot \sqrt{\frac{1}{\pi}}$; (2) $g = a \cdot \sqrt{3}$; (3) $\sqrt{\frac{3 \cdot a^2}{\pi}} = a \cdot \sqrt{\frac{3}{\pi}}$

9. a) 0,26 cm b) 3,1 cm

1 Familie Stumm hat die Höhe ihrer monatlichen Telefonrechnungen über den Zeitraum eines Jahres notiert:

23,54 €	28,40 €	25,33 €	19,45 €	21,31 €	26,23 €
22,91 €	23,50 €	18,12 €	19,54 €	18,34 €	16,13 €

a) Berechne die Höhe der durchschnittlichen monatlichen Telefonkosten!

____

b) Ermittle auch den Zentralwert $\tilde{x}$ der obigen Werte!

$\tilde{x}$ = ______________________________

c) Gib die Spannweite (Streubreite) w der Werte an!

w = ______________________________

2 Als Ergebnis einer Messreihe wurden die folgenden Werte notiert:

6; 4; 8; 2; 5; 7; 4; 5; 5; 4

Welche der folgenden Aussagen sind wahr, welche sind falsch?

a) Der Mittelwert (das arithmetische Mittel) $\bar{x}$ ist 5. ◯ wahr ◯ falsch

b) Der Zentralwert (der Median) $\tilde{x}$ ist 5. ◯ wahr ◯ falsch

c) Der Modalwert m ist 5. ◯ wahr ◯ falsch

d) Es gibt keinen Zentralwert. ◯ wahr ◯ falsch

e) Es gibt keinen Modalwert. ◯ wahr ◯ falsch

f) Die Spannbreite (die Streubreite) w beträgt 5. ◯ wahr ◯ falsch

3 In der folgenden Häufigkeitstabelle sind die von den Schülern einer Klasse bei einem Test erreichten Punktzahlen zusammengestellt:

Punkte	0	1	2	3	4	5	6	7	8	9	10	11	12
absolute Häufigkeit	0	0	1	1	2	2	4	2	3	6	2	3	4
relative Häufigkeit													

a) Berechne den Mittelwert $\bar{x}$ der erreichten Punktzahlen!

$\bar{x}$ = __________

b) Gib (sofern sie existieren) auch Zentral- und Modalwert an!

$\tilde{x}$ = __________ m = __________

c) Ergänze die obige Tabelle, indem du für die jeweilige Punktzahl auch die relative Häufigkeit (in Prozent) angibst!

____

d) Wie viel Prozent der Schüler haben den Test bestanden, wenn dafür mindestens die Hälfte der zu vergebenden Punkte erforderlich sein soll? __________

Lösungen

1. a) 21,90 € b) 22,11 € c) 12,27 €

2. a) wahr b) wahr c) falsch
d) falsch e) wahr f) falsch

3. a) 8 b) $\tilde{x} = 8,5$ $m = 9$
c) 0; 0; $\frac{1}{30}$; $\frac{1}{30}$; $\frac{1}{15}$; $\frac{1}{15}$; $\frac{2}{15}$; $\frac{1}{15}$; $\frac{1}{10}$; $\frac{1}{5}$; $\frac{1}{15}$; $\frac{1}{10}$; $\frac{2}{15}$
bzw. in %
0; 0; 3,3; 3,3; 6,7; 6,7; 13,3; 6,7; 10; 20; 6,7; 10; 13,3
d) 80 %

4 In einer Lostrommel befinden sich 20 durchnummerierte Lose mit den natürlichen von Zahlen 1 bis 20, von denen eines gezogen wird.
Wie groß ist die Wahrscheinlichkeit für folgende Ereignisse?

a) E_1 – Es wird die „13“ gezogen. $P(E_1) =$ ______

b) E_2 – Es wird nicht die „7“ gezogen. $P(E_2) =$ ______

c) E_3 – Es wird eine einstellige Zahl gezogen. $P(E_3) =$ ______

d) E_4 – Es wird die „0“ gezogen. $P(E_4) =$ ______

e) E_5 – Es wird eine Primzahl gezogen. $P(E_5) =$ ______

f) E_6 – Es wird keine Quadratzahl gezogen. $P(E_6) =$ ______

g) E_7 – Es wird die „19“ oder die „20“ gezogen. $P(E_7) =$ ______

5 Die folgende Abbildung zeigt das Baumdiagramm eines mehrstufigen Zufallsversuchs mit den Wahrscheinlichkeiten für die einzelnen Teilpfade.

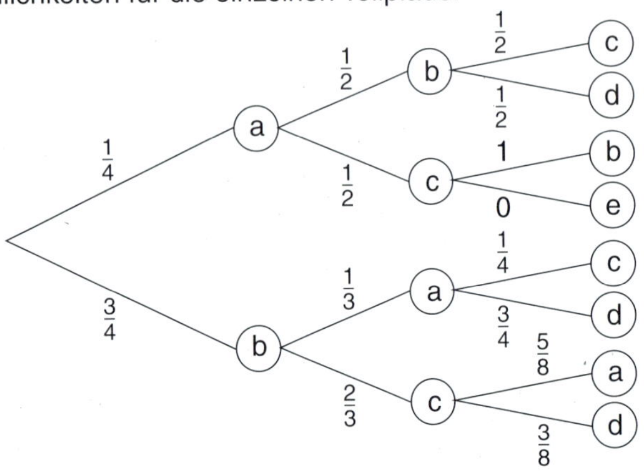

{a, b, c} *Pfad I*
{a, b, d} *Pfad II*
{a, b, c} *Pfad III*
{a, c, e} *Pfad IV*
{a, b, c} *Pfad V*
{a, b, d} *Pfad VI*
{a, b, c} *Pfad VII*
{b, c, d} *Pfad VIII*

a) Gib die Wahrscheinlichkeit für die Pfade I bis VIII an!

Pfad	I	II	III	IV	V	VI	VII	VIII
Wahrscheinlichkeit								

b) Die Ereignisse E_1 bzw. E_2 werden jeweils durch mehrere Pfade repräsentiert. Gib die Wahrscheinlichkeit für diese Ereignisse an!
$E_1 = \{a, b, c\}$ $P(E_1) =$ ______ $E_2 = \{a, b, d\}$ $P(E_2) =$ ______

c) Wie groß ist die Wahrscheinlichkeit dafür, dass das Ereignis E_2 nicht eintritt? ______

6 In einem Gefäß befinden sich zwei schwarze und acht weiße Kugeln, von denen drei Kugeln nacheinander gezogen werden (wobei die gezogene Kugel nicht zurückgelegt wird).

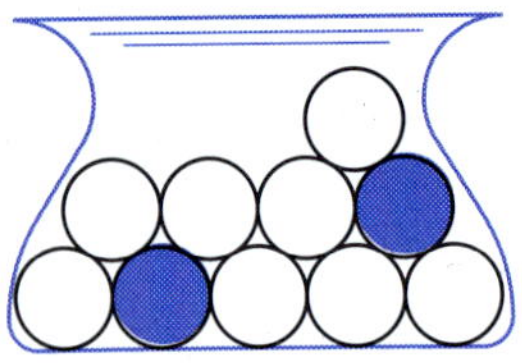

a) Zeichne neben den Text ein Baumdiagramm für diesen Vorgang und trage die Wahrscheinlichkeiten ein!

Lösungen

4. a) $\frac{1}{20}$ b) $\frac{19}{20}$ c) $\frac{9}{20}$ d) 0
e) $\frac{8}{20} = \frac{4}{10}$ f) $\frac{16}{20} = \frac{4}{5}$ g) $\frac{2}{20} = \frac{1}{10}$

5. a) $\frac{1}{16}$; $\frac{1}{16}$; $\frac{1}{8}$; 0; $\frac{1}{16}$; $\frac{3}{16}$; $\frac{5}{16}$; $\frac{3}{16}$
b) $P(E_1) = \frac{9}{16}$ $P(E_2) = \frac{4}{16} = \frac{1}{4}$
c) $1 - \frac{1}{4} = \frac{3}{4}$

6. a)

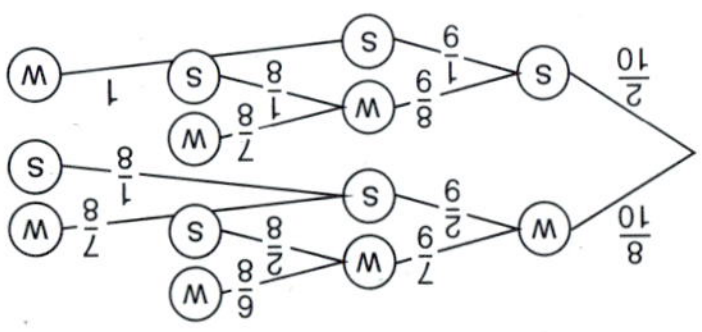

b) Gib die Wahrscheinlichkeit für folgende Ereignisse an!

E_1 – Es werden drei weiße Kugeln gezogen. $P(E_1) =$ ______

E_2 – Es werden zwei weiße Kugeln und eine schwarze Kugel gezogen. $P(E_2) =$ ______

E_3 – Es werden eine weiße Kugel und zwei schwarze Kugeln gezogen. $P(E_3) =$ ______

E_4 – Es werden drei schwarze Kugeln gezogen. $P(E_4) =$ ______

7 Wie verändern sich in Aufgabe 3 die Wahrscheinlichkeiten für die Ereignisse E_1 bis E_4, wenn die jeweils gezogene Kugel vor dem nächsten Ziehungsvorgang wieder in das Gefäß zurückgelegt wird?

$P(E_1) =$ ______

$P(E_2) =$ ______

$P(E_3) =$ ______

$P(E_4) =$ ______

Hinweis: Zeichne dazu ein neues Baumdiagramm bzw. trage in das Baumdiagramm der Aufgabe 6 die veränderten Wahrscheinlichkeiten in anderer Farbe ein.

8 Auf dem Rummelplatz werden Lose verkauft, wobei in einer Serie von 1000 Stück jeweils 500 Gewinne sind. Um Kunden anzulocken, wird mit einem Schild „Jedes zweite Los gewinnt" geworben. Herr Gut-Gläubig kauft aus der noch vollständigen Serie zwei Lose und ist enttäuscht: Er hat zwei Nieten gezogen.

a) Wie groß ist die Wahrscheinlichkeit dafür, dass er bei zwei Losen mindestens einen Gewinn hat?

______

______

b) Wie verändert sich die Wahrscheinlichkeit für (mindestens) einen Gewinn, wenn Herr Gut-Gläubig vier Lose erwirbt?

______

c) Wie viele Lose müsste er mindestens erwerben, um mit Sicherheit einen Gewinn zu haben?

______

Lösungen

7.

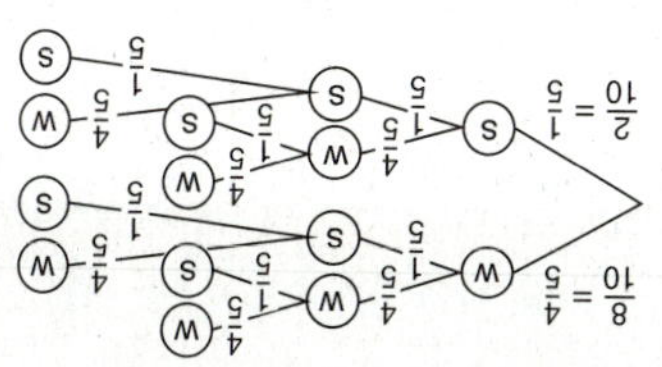

$P(E_1) = \frac{64}{125} = 51{,}2\,\%$

$P(E_2) = 3 \cdot \frac{4}{5} \cdot \frac{4}{5} \cdot \frac{1}{5} = \frac{48}{125} = 38{,}4\,\%$

$P(E_3) = 3 \cdot \frac{4}{5} \cdot \frac{1}{5} \cdot \frac{1}{5} = \frac{12}{125} = 9{,}6\,\%$

$P(E_4) = \frac{1}{125} = 0{,}8\,\%$

6. b) $P(E_1) = \frac{7}{15} \approx 46{,}7\,\%$

$P(E_2) = 3 \cdot \frac{7}{45} = \frac{21}{45} = \frac{7}{15} \approx 46{,}7\,\%$

$P(E_3) = 3 \cdot \frac{1}{45} = \frac{1}{15} \approx 6{,}7\,\%$ $P(E_4) = 0$

8. a) rd. 75 % (75,03 %) b) 93,8 % c) 501

9 Herr Klug erwartet die Ziehung der Lottozahlen in der Spielart „6 aus 49", um sie mit seinen beiden abgegebenen Tipps

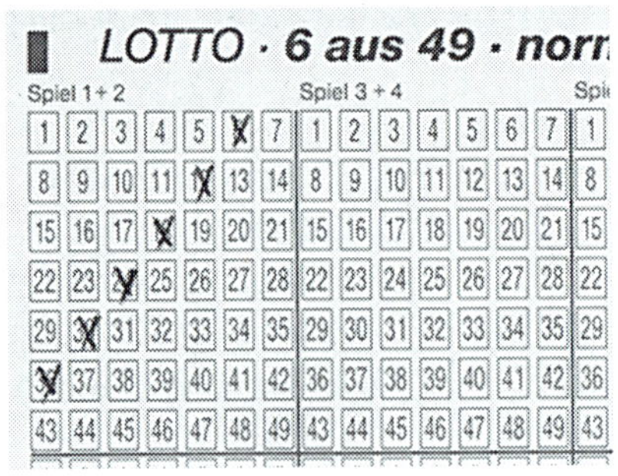

6	12	18	24	30	36	(Tipp 1)
11	19	25	33	47	49	(Tipp 2)

zu vergleichen.

a) Vorab überlegt er sich, wie groß die Wahrscheinlichkeit für folgende Ereignisse E_1 bis E_5 ist. Hilf ihm dabei, und gib diese an!

E_1 – Die erste gezogene Zahl ist gerade. $P(E_1) =$ ______

E_2 – Die erste gezogene Zahl ist ungerade. $P(E_2) =$ ______

E_3 – Die ersten beiden gezogenen Zahlen sind gerade. $P(E_3) =$ ______

E_4 – Alle sechs gezogenen Zahlen sind gerade. $P(E_4) =$ ______

b) Mit welchem der beiden Tipps hat Herr Klug deiner Meinung nach die größeren Gewinnaussichten?

______

10 Es wird gleichzeitig mit zwei idealen Würfeln gewürfelt. Wie groß ist die Wahrscheinlichkeit, einen Wurf mit gleichen Augenzahlen (einen so genannten Pasch) zu erzielen?

______

11 Als Zufallsgröße X soll die *Anzahl der Jungen* bei Familien mit drei Kindern betrachtet werden. Dabei wird davon ausgegangen, dass die Wahrscheinlichkeit für eine Jungengeburt bei 0,514 und die für eine Mädchengeburt bei 0,486 liegt.

a) Welche Werte kann X annehmen?

______

b) Frau und Herr Sorgfältig planen eine „Drei-Kind-Familie" und wünschen sich mindestens ein Mädchen. Wie groß ist die Wahrscheinlichkeit dafür, dass dieser Fall eintritt?

______

12 Eine Zeitschrift veranstaltet ein Preisausschreiben, bei dem folgende Gewinne ausgesetzt sind: 1 Gewinn zu 1000 €, 5 Gewinne zu 100 € und 25 Gewinne zu 10 €.
Die Preise werden unter 4000 richtigen Einsendungen ausgelost.

a) Ergänze nebenstehende Tabelle für die Wahrscheinlichkeitsverteilung.

Gewinn X	1000 €	100 €	10 €	kein Gewinn
Wahrscheinlichkeit				

b) Berechne den Erwartungswert für die Zufallsgröße *Gewinn*.

$E(X) =$ ______

c) Wie viele richtige Einsendungen hätten höchstens vorliegen dürfen, damit sich eine Beteiligung „lohnt", d.h., der Erwartungswert für den Gewinn der Postkartengebühr von 0,51 € entspricht?

______

Lösungen

9. a) $P(E_1) = \frac{24}{49} \approx 49{,}0\ \%$ $P(E_2) = \frac{25}{49} \approx 51{,}0\ \%$

$P(E_3) = \frac{24}{49} \cdot \frac{23}{48} = \frac{23}{98} \approx 23{,}5\ \%$

$P(E_4) = \frac{24}{49} \cdot \frac{23}{48} \cdot \frac{22}{47} \cdot \frac{21}{46} \cdot \frac{20}{45} \cdot \frac{19}{44} = \frac{19}{1974} \approx 0{,}96\ \%$

b) Beide Tipps haben die gleichen Gwinnaussichten.

11. a) 0, 1, 2, 3

10. $\frac{1}{6} \approx 16{,}7\ \%$

b) $1 - 0{,}514^3 \approx 0{,}864 = 86{,}4\ \%$

12. a) $\frac{1}{4000}$; $\frac{5}{4000}$; $\frac{25}{4000}$; $\frac{3969}{4000}$

b) 0,4375 € ≈ 0,44 €

c) 3431

13 Es wird mit drei idealen Würfeln gleichzeitig gewürfelt und als Zufallsgröße *X* die jeweils erzielte *Augensumme* betrachtet. Allerdings weisen die Würfel folgende Besonderheit auf: Sie besitzen nur die Augenzahlen 1 bis 3 – und zwar jeweils doppelt gemäß des in der Abbildung dargestellten Netzes.

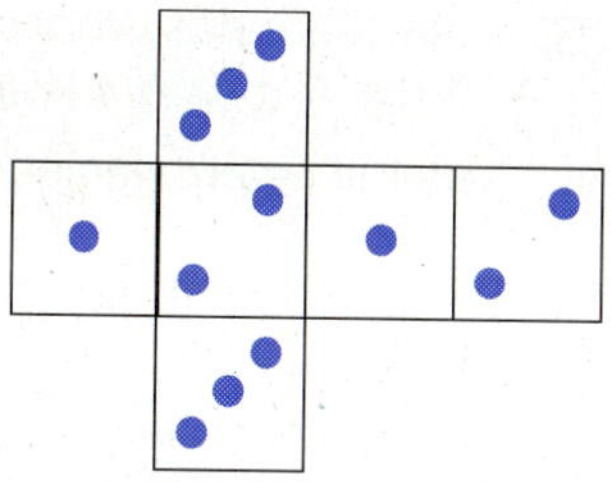

a) Welche Werte kann die Zufallsgröße *X* annehmen?

____

b) Ergänze die im Folgenden angedeutete Tabelle der Wahrscheinlichkeitsverteilung.
Hinweis: Du kannst dir die Lösung erleichtern, indem du entweder ein Baumdiagramm zeichnest oder alle möglichen Kombinationen der Augenzahlen notierst.

Augensumme		
Wahrscheinlichkeit		

c) Berechne den Erwartungswert für die Zufallsgröße *Augensumme*.

$E(X)$ = ______________________________

Jeder Vorgang mit zufälligem Ergebnis lässt sich durch andere geeignete Zufallsversuche nachahmen (simulieren). Insbesondere werden solche Vorgänge simuliert, deren Durchführung mit einem hohen Aufwand verbunden ist bzw. die über einen längeren Zeitraum gehen. Zur Simulation verwendet man Zufallsgeräte (auch Zufallsgeneratoren genannt) wie Münzen, Würfel, Zahlkärtchen, Urnen mit verschieden farbigen Kugeln o. Ä.

14 Zur Simulation von Zufallsversuchen stehen die abgebildeten drei Glücksräder zur Verfügung.

Glücksrad A

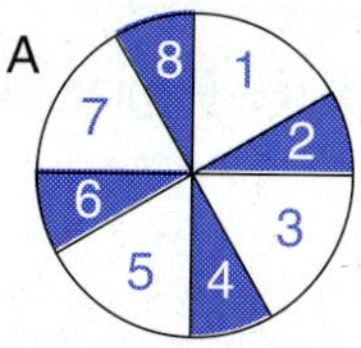

Glücksrad B

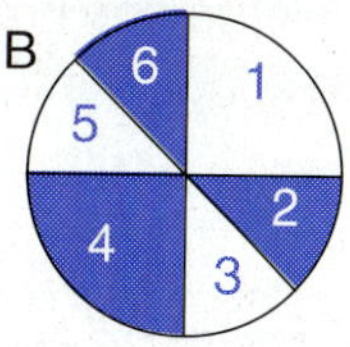

Glücksrad C

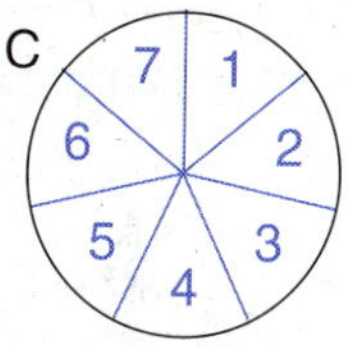

Folgende Zufallsversuche sollen simuliert werden:

(I) das Werfen einer idealen Münze mit *Wappen* und *Zahl* als mögliche Ergebnisse,

(II) das Werfen eines idealen Würfels mit *Augenzahl* als zu betrachtende Zufallsgröße.

Entscheide, ob die obigen Glücksräder jeweils geeignet sind, und gib gegebenenfalls eine entsprechende Zuordnung der Felder zu den möglichen Ergebnissen an.

Zufallsversuch (I) Glücksrad *A* ◯ ja ◯ nein ______________________

Glücksrad *B* ◯ ja ◯ nein ______________________

Glücksrad *C* ◯ ja ◯ nein ______________________

Zufallsversuch (II) Glücksrad *A* ◯ ja ◯ nein ______________________

Glücksrad *B* ◯ ja ◯ nein ______________________

Glücksrad *C* ◯ ja ◯ nein ______________________

Lösungen

13. a) 3, 4, 5, 6, 7, 8, 9

b)

Augensumme	3	4	5	6	7	8	9
Wahrscheinlichkeit	$\frac{1}{27}$	$\frac{3}{27} = \frac{1}{9}$	$\frac{6}{27} = \frac{2}{9}$	$\frac{7}{27}$	$\frac{6}{27} = \frac{2}{9}$	$\frac{3}{27} = \frac{1}{9}$	$\frac{1}{27}$

14. Vers. I: Glücksr. A ja (z.B. 1–4 Wappen, 5–8 Zahl)
Glücksr. B ja (z.B. 1–3 Wappen, 4–6 Zahl)
Glücksr. C ja (z.B. 1–3 Wappen, 4–6 Zahl, 7 unberücksichtigt)
Vers. II: Glücksr. A ja
Glücksr. B nein
Glücksr. C ja (z.B. 1–6 jeweilige Augenzahl, 7 unberücksichtigt)

15 Simuliere das Werfen dreier Münzen (bzw. das dreimalige Werfen einer Münze), wobei als Zufallsgröße *X* die *Anzahl der Wappen* betrachtet wird,

a) mit einem geeigneten Glücksrad

b) mit einem oder mehreren Würfeln

Hinweis: Überlege dir zunächst, welche Werte die Zufallsgröße annehmen kann und wie groß die Wahrscheinlichkeit dafür ist.

Zur Simulation von Vorgängen mit zufälligem Ergebnis verwendet man häufig auch so genannte Zufallszahlen, die „auf gut Glück“ aus der Menge der Ziffern 0 bis 9 gewonnen worden sind.
Im Folgenden ist ein Ausschnitt einer entsprechenden Tabelle angegeben:

01144	38768	24284	69522	16644	65904	33039	83534	63015	67378
25452	47344	40275	10946	03421	97215	10075	89133	66470	12747
54665	83202	13242	38420	21429	31332	61396	05007	16525	87367
01936	42387	28133	47954	02554	44878	42157	85301	69095	44761
05372	89376	64778	00843	00556	56922	81148	70767	43587	48575 …

16 Simuliere mithilfe obiger Zufallszahlen und nach der angegebenen Vorschrift die folgenden Vorgänge mit zufälligem Ergebnis und erfasse das Ergebnis jeweils in einer Strichliste oder Häufigkeitstabelle!

a) 100-maliges Werfen einer idealen Münze

Vorschrift: Eine gerade Ziffer entspricht *Wappen*, eine ungerade Ziffer entspricht *Zahl*. Beginne mit der dritten Fünfergruppe in der dritten Zeile!

(Anmerkung: Möglich sind auch andere Festlegungen, insbesondere der Beginn in der Tabelle.)

Ergebnis	Wappen	Zahl
Häufigkeit		

b) 50-maliges Werfen eine idealen Würfels

Vorschrift: Die Ziffern 1 bis 6 entsprechen der gewürfelten *Augenzahl*, die Ziffern 0, 7, 8 und 9 bleiben unberücksichtigt. Beginne mit der vorletzten Fünfergruppe in der ersten Zeile!

Augenzahl	1	2	3	4	5	6
Häufigkeit						

c) 20 Geburten mit der Zufallsgröße *Geschlecht* (*Junge/Mädchen*) mit der Wahrscheinlichkeit $P(J) = 0{,}514$ und $P(M) = 0{,}486$

Vorschrift: Es werden die jeweils drei letzten Ziffern einer Fünfergruppe betrachtet, wobei die Ziffernfolgen 001 bis 514 für eine Jungen- und 515 bis 999 für eine Mädchengeburt stehen sollen. Beginne am Anfang der Tabelle!

Geschlecht	Junge	Mädchen
Häufigkeit		

Lösungen

15. a)

Anzahl der Wappen	0	1	2	3
Wahrscheinlichkeit	$\frac{1}{8}$	$\frac{3}{8}$	$\frac{3}{8}$	$\frac{1}{8}$

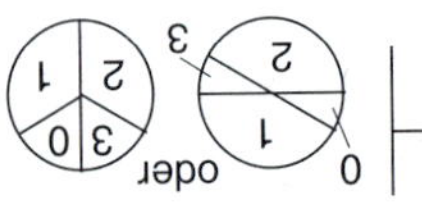

b) z.B. mit drei Würfeln, wobei gerade Zahl „Wappen“ und ungerade Zahl „Zahl“ bedeutet

16. a) 49 Wappen, 51 Zahl

b)

Augenzahl	1	2	3	4	5	6
Häufigkeit	8	9	8	10	8	7

c) Jungen: 13; Mädchen: 7